JN026578

大学講義テキスト
古 典 制 御

森 泰親 著

コロナ社

まえがき

　制御工学は，身近な家電製品から，自動車，電車，化学プラント，人工衛星に至るまで，幅広い分野で活躍する「横糸」学問である。したがって，大学工学部に属するほとんどすべての学科において制御工学の講義が学部2年生の専門基礎科目として配当されているのが現状である。

　制御工学が対象とするものを一言でいえば，動く人工物すべてである。そこで，それらのダイナミクスを数式で表現して一般化し，数学を道具に特性解析と制御系設計を行う。大学の講義を受けたとき，内容が進むにつれて専門用語や概念がつぎつぎに出てくるため，定義や内容を覚えるのに精一杯になり，「木を見て森を見ず」のごとく，全体像を見失ってしまいがちである。なんとか単位を取得できたとしても，はっきりと理解できた部分とぼんやりした部分が混ざり，全体としてはまったく自信がないという履修者の声をよく聞く。

　講義を担当している者は，自身が研究室に配属された学部4年生から数えると制御工学の専門家として20年，30年のキャリアを有している。あり余る知識を持っていることで，必要以上に補足説明が長くなる場合，脱線して余計なことを喋ってしまう場合などがあり，聴講している学生にとってよかれと思ってのことが，逆に迷惑となってしまうのが事実であろう。すべての講義担当者がそうであるとはいわないが，少なくとも私はこれに相当する。

　この反省から，大学講義の教科書を執筆したいという願望が生まれた。学部2年生に制御工学の基礎を教授しようとするとき，半年間で学ぶにふさわしい量とレベルであるのはもちろん，きっちりと体系化されていなくてはならない。すなわち，なにを教え，なにを割愛するか。また，選択した内容については，それぞれをどの程度深く教え，かつ，それらの関連性をどう伝えると全体像が見えるかに工夫すべきである。

　本書「大学講義テキスト　古典制御」は，大学の講義を意識して 14 章からなっている。制御工学の基礎を学ぶのに必要最小限の内容に厳選したうえで，概念や定理の解説をわかりやすく丁寧にしている。また，数値例や図を多用して，定理や法則の使い方の習得を容易にしているなど，制御工学の基礎が効率的に身に付くようにさまざまな工夫を凝らしている。

　厳選された内容とそれらを理解させるために編み出した工夫は，著者が助教授となって制御工学の授業を担当して以来，30 年間もの長きに渡って継続して講義してきた成果であるといえよう。著者は毎回の講義において，最初の 10 分間を使って前回の復習を行うのがつねであった。1 週間ぶりに本講義を受ける学生に，前回の講義の内容を思い出させたあと，今日講義する内容とその位置づけを説明してから本題に入るのである。この講義のやり方を本書に反映することをねらって，各章の冒頭と末尾に少しずつページを割いている。

　本書の特長をもう一つ挙げるとすれば，それは構成である。大学の講義回数に合わせて 14 章からなっていることは，先に紹介した。また，各章は意識して細かく分割しており，節の数は 2〜4 である。この節がテーマに当たる。各テーマは「基本部分」と「さらに詳しく」の 2 部に分かれている。講義においては，「基本部分」を押さえたうえで，学生の反応と残り時間を見ながら，必要に応じて「さらに詳しく」を教授して頂きたい。あるいは，学生の自宅学習の材料として提供するのでもよかろう。この場合は，ミニテストを実施して自宅で勉強したか否かを確認することをお勧めする。上記のように，各節に設けた「さらに詳しく」の取扱いは，講義担当者の裁量にお任せしたい。

　大学講義の教科書として十分に満足いただけるものを執筆できたと確信している。さらには，講義の副読本としてあるいは大学院入試の際の復習本としての利用も意識して執筆した。制御工学の基礎が丁寧にまとめられている本書が，制御工学を学ぼうとしている人たちに勉学の意欲と勇気を少しでも与えることができれば，著者にとってこれほど幸せなことはない。

　2020 年 3 月

森　泰親

目　　　次

1章　システムと制御

2章　ラプラス変換

3章　伝　達　関　数

4章　ブロック線図

5章　周 波 数 応 答

6章　ボ ー ド 線 図

7章　過渡特性と安定性

8章　ラウス・フルビッツの安定判別法

9章　ナイキストの安定判別法と安定度

10章　定　常　特　性

11章　制　御　器　の　設　計

12章　部分的モデルマッチング法

13章　根　軌　跡　法

14章　総　合　演　習

システムと制御

は じ め に

　制御（control）工学とは，「制し御する」ための学問である。なにもしなければ，それがもつ特性と周りの環境に従って勝手に変化するであろう。しかしながら，力ずくで無理やりに押さえ込んでも，対象を希望どおりに制御することはできない。制御するには，その対象の特性を十分に把握しておく必要がある。

1.1 制 御 と は

　制御を行うには，まず，対象とするシステムがもつどの物理量を制御したいかを明確にしなくてはならない。これを**制御量**（controlled variable）という。制御量はいろいろな要因で変化する。制御量に影響を与えるもののうちで，制御の目的達成のためにわれわれが利用するものを**操作量**（manipulated variable）と呼び，それ以外を**外乱**（disturbance）という。

　例えば，会議室を**制御対象**（controlled object）としよう。ここでの制御量は室温であり，そのためにエアコンが取り付けられている。会議室の室温を変えるのはエアコンだけではない。大きな窓を通して外気から熱の出入りがあり，ドアが開くことで会議室と廊下との間に，空気と熱の出入りがある。また，会議中には大勢の人の白熱した議論による熱気が原因となって室温が上昇する。この場合，エアコンからの熱の出入りが操作量であって，そのほかはすべて外乱である。

エアコンは，温度センサで室温を測り，設定した温度との差を検出して，その偏差の値に応じて熱の放出と吸収を行う。設定温度よりも室温が低ければ暖房を，逆に高ければ冷房を行うことで，室温をつねに設定温度に維持する働きをする。外乱が室温に及ぼす影響力と同等あるいはそれ以上の影響力のあるエアコンでないと制御の目的を達成することはできない。

つぎに実験室において，アーム型ロボットの電動ハンドにフェルトペンを持たせて，平らな紙に直径 30 cm の円を描かせる作業を取り上げる。制御対象はアーム型ロボット，制御量はペン先の位置と速度，そして操作量は各関節に取り付けられた電気モータに与える電流である。環境を整えた実験室なので，外乱による影響を無視できるのが大きな特徴である。

制御目的は，電動ハンドでペンをつかみ，所定の高さを保ったままで描円運動をさせることである。これには，二通りの方策が考えられる。一つ目は，「あらかじめ定められた順序または手続きに従って制御の各段階を逐次進めていく方策」であって，これはパソコンや専用の入力機器を利用して，操作内容をあらかじめプログラムによって表現し，これを逐次実行することにより目的を達成するやり方である。すなわち，あらかじめ教え込んだ動作を状況に応じて再現するにすぎない。

二つ目は，「三次元の目標軌道を与えておき，電動ハンドまたはペン先の三次元位置と目標軌道との差がゼロになるように制御を行う方策である。

基本的には上記の室温制御と同じであるが，目標軌道とペン先との偏差の方向と距離を正確に素早く計測し，その計測値に基づいて複数の電気モータの電流値を決定する必要がある。

制御が行われているシステムは世の中にたくさんある。宇宙ロケットやジャンボジェット機のように巨大なものもあれば，洗たく機，トースタ，電気ポットのように身近な家電製品もある。それらシステムが動作する仕組みや仕掛けもさまざまであり，その複雑さも千差万別である。

1.2 フィードバック制御とフィードフォワード制御

制御系は，その構造から**開ループ制御系**（open loop control system）と**閉ループ制御系**（closed loop control system）に大きく分類することができる。

図 1.1 に示す開ループ制御系は，前節で紹介したアーム型ロボット制御の一つ目の方策であって，制御対象の特性が変化せず，しかも外乱による影響を無視できる場合に用いられる。開ループ制御系では，あらかじめ定められた順序または手続きに従って制御の各段階を逐次進めていく制御方法である**シーケンス制御**（sequential control）が用いられる。

図 1.1　開ループ制御系

これに対して，制御対象の特性が変化したり外乱による影響を無視できない場合には，**図 1.2** に示す閉ループ制御系が用いられる。図のように，制御量の現在値を**測定装置**（measuring device）で検出して目標値側にフィードバックすることで両者を比較しながら**制御装置**（controller）を働かす方法であることから，**フィードバック制御系**（feedback control system）とも呼ばれる。これにより，**制御偏差**（control error）をゼロにして制御量を**目標値**（reference value, desired value）に一致させることができる。

図 1.2 の閉ループ制御系は，文字通りループが閉じている。したがって，目

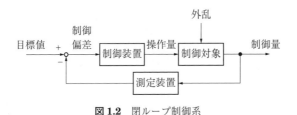

図 1.2　閉ループ制御系

標値と外乱を**外部入力**（external input）と呼ぶ。目標値はわれわれが目的に応じて設定する。前節で紹介した，会議室の室温を制御する場合では，目標値を25℃などの値に設定する。多くの場合，温度，圧力，液面は一定値に保つ制御が行われる。これを**定値制御**（constant-value control）といい，プロセス制御の分野に多く使われる。これに対して，アクティブカメラを用いて移動物体を画像内にとらえる追跡，溶接ロボットに目標線を与えての軌道追従など，ロボット制御では変化する目標値に制御量を追従させようとする場合がある。これを**追従制御**（tracking control, follow-up control）といい，工作機械，ロボットなどのサーボ機構に使われる。

図 1.2 における外部入力のもう一つが外乱である。外乱の印加による影響が制御量に現れて初めてフィードバックの効果が生きてくるので，フィードバック制御には大きな応答遅れが生じる。しかしながら，もし外乱が完全に未知ではなく，不正確ながらも既知として扱うことのできる外乱であれば，話は違ってくる。

1.1 節で紹介した，会議室の室温を制御する場合，多くの人が入室することで室温が上昇する。室温の上昇を感知したのち，エアコンは冷房を開始するが，それでは遅すぎる。会議が始まる少し前から冷房を開始しておけば，より完璧に定値制御を実施できることに気が付く。それには，会議が何時から始まるという情報をあらかじめ与えれば済む。それが無理なら，入室する人数を数えることで早めの対応が可能となる。**図 1.3** に**フィードフォワード制御**（feedforward control）を示す。

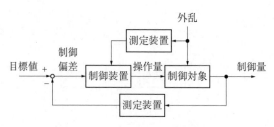

図 1.3　フィードフォワード制御の追加

　フィードフォワード制御は，制御量に影響を及ぼす外乱が発生する場合，前もってその影響をできるだけなくすように修正動作を行う制御方式である。フィードフォワード制御だけでは設定温度を保つことができないので，通常はフィードバック制御と併用する。

さらに詳しく ・━━━━━━━━━━━━━━━━━━━━━━

　定値制御において設定値を変更する場合，あるいは追従制御において目標値がステップ状に変化する場合は，新たに設定された目標値に制御量が速やかに一致することが要求される。**図 1.4** は，目標値のステップ変化に対する制御系の応答性を評価するための**特性値**（characteristic value）を表している。

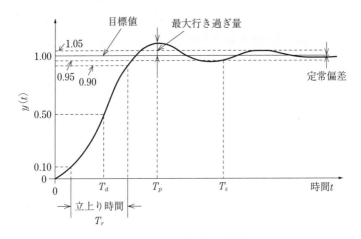

図 1.4　ステップ応答の特性値

　図 1.4 では，目標値はゼロから 1.0 に変化している。これは，エアコンによる室温制御でたとえれば，25 ℃で定値制御している室温目標値を 20 ℃に変更する場合において，25 ℃からの差をとらえて，変化の幅を最も扱いやすい値である 1.0 に置き換えたにすぎない。

　特性値を以下にまとめて示す。

・**遅れ時間**（delay time）T_d：目標値の半分の値に到達する時間。

・**立上り時間**（rise time）T_r：目標値の 10 ％から 90 ％になるまでに要する

時間。

・**最大行き過ぎ量**（maximum overshoot）：単位はパーセントを使う。

・**行き過ぎ時間**（time to peak）T_p：最大行き過ぎ量となる時間。

・**整定時間**（settling time）T_s：許容値以内となる時間。

・**許容値**：目標値の±5％が多く使われる。

・**定常偏差**（steady-state error）：時間が十分に経ったときの偏差。

1.3　システムの記述

予定どおりに制御するには，その対象の特性をよく知ることが重要である。本節では，電気回路と機械振動系を例に取り挙げて，特性把握のための基礎を解説する。

抵抗R，コイルL，コンデンサCからなる電気回路を**RLC回路**という。抵抗値R〔Ω〕の抵抗に電圧$v_R(t)$〔V〕を与えたとき電流$i(t)$〔A〕が流れたとする。このとき，オームの法則から

$$v_R(t) = Ri(t) \tag{1.1}$$

という関係式が成り立つ。

コンデンサにおいて，電極と電極の間に蓄えられる電荷の量$Q(t)$〔C〕は電極間の電圧$v_C(t)$〔V〕に比例し，その比例定数を**静電容量**（capacitance）C〔F〕と呼ぶ。ここで電荷は電流を積分して求められ

$$Q(t) = \int_0^t i(\tau)d\tau \tag{1.2}$$

で表されるから，電流と電圧の間には次式の関係が成り立つ。

$$v_C(t) = \frac{1}{C}\int_0^t i(\tau)d\tau \tag{1.3}$$

インダクタンスがL〔H〕のコイルに電流$i(t)$〔A〕を流すと，与えられた電気エネルギーを一時的に磁気エネルギーの形にして自己の中に蓄え，流された電

流の時間変化を妨げるような起電力 $v_L(t)$〔V〕を生む。この現象を**電磁誘導現象**（electromagnetic induction phenomenon）といい

$$v_L(t) = L\frac{di(t)}{dt} \tag{1.4}$$

で表される。式(1.1)，式(1.3)，式(1.4)を**図 1.5** にまとめて示す。

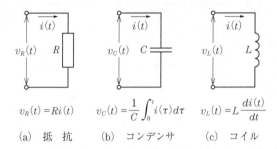

$$v_R(t) = Ri(t) \qquad v_C(t) = \frac{1}{C}\int_0^t i(\tau)d\tau \qquad v_L(t) = L\frac{di(t)}{dt}$$

(a) 抵　抗　　　(b) コンデンサ　　(c) コイル

図 1.5　電気回路を構成する素子における電流と電圧の関係

以上のことをふまえたうえで，**図 1.6** に示す電気回路の動特性を考えてみよう。

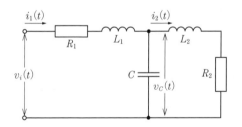

図 1.6　*RLC* 回路

$R_1 L_1 C$ の直列回路においては，**図 1.7**(a)に示すように

$$v_i(t) = R_1 i_1(t) + L_1\frac{di_1(t)}{dt} + v_C(t) \tag{1.5}$$

が成り立つ。$L_2 R_2$ 直列回路では，図(b)から次式が成り立つ。

$$v_C(t) = L_2\frac{di_2(t)}{dt} + R_2 i_2(t) \tag{1.6}$$

最後に，コンデンサでは図(c)から次式が成り立つことがわかる。

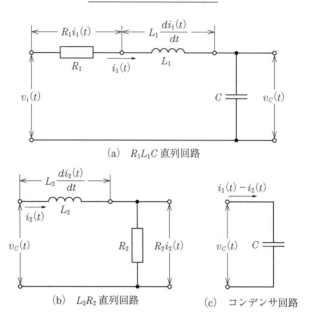

(a)　$R_1 L_1 C$ 直列回路

(b)　$L_2 R_2$ 直列回路　　　　(c)　コンデンサ回路

図 1.7　与えられた RLC 回路の分解

$$v_C(t) = \frac{1}{C} \int_0^t \{i_1(\tau) - i_2(\tau)\} d\tau \tag{1.7}$$

式(1.5)，式(1.6)，式(1.7)の三式が，図 1.6 に示す RLC 回路の動特性を表す式である。

つぎに，**図 1.8** に示すように，ばねとダシュポットでつながれた台車についてその動特性を考える。外力 $f(t)$〔N〕を図に示す方向に与えたときの，平衡点からの変位 $x(t)$〔m〕を表してみよう。

図 1.9 に，台車，ばね，ダシュポットのそれぞれの動きをまとめる。台車の

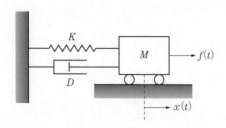

図 1.8　機械振動系

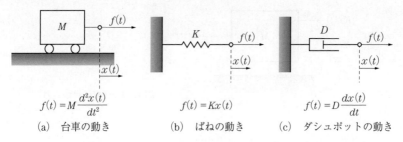

$$f(t) = M\frac{d^2x(t)}{dt^2} \qquad\qquad f(t) = Kx(t) \qquad\qquad f(t) = D\frac{dx(t)}{dt}$$

(a) 台車の動き   (b) ばねの動き   (c) ダシュポットの動き

図 1.9 台車，ばね，ダシュポットのそれぞれの動き

質量を M〔kg〕とし，台車は摩擦なく床を動くものとすれば，ニュートンの第二法則から

$$f(t) = M\frac{d^2x(t)}{dt^2} \tag{1.8}$$

が成り立つ。ここで，$x(t)$〔m〕は台車の変位であり，その 2 階微分 $d^2x(t)/dt^2$〔m/s²〕は加速度を表している。

ばね定数を K〔N/m〕とすれば，ばねの伸び $x(t)$〔m〕は与えられる力 $f(t)$〔N〕に比例して

$$f(t) = Kx(t) \tag{1.9}$$

が成り立つ。

ダシュポットによる制動力 $f(t)$〔N〕は変位 $x(t)$〔m〕の時間微分に比例することから

$$f(t) = D\frac{dx(t)}{dt} \tag{1.10}$$

で表すことができる。ここで，D〔N·s/m〕を**粘性減衰係数**（viscous damping coefficient）という。

以上のことを踏まえたうえで，図 1.8 に示す機械振動系を見直そう。

台車に図の右向きに外力 $f(t)$ が与えられるとき，ばねの伸びは $x(t)$ であるから，外力 $f(t)$ と逆向きの力 $Kx(t)$ を生じる。また，ダシュポットによる制動力は台車の速度に比例することから，$D\,dx(t)/dt$ である。

図 1.10 から，次式が成り立つ。

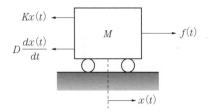

図 **1.10** 台車に掛かる力

$$M \frac{d^2x(t)}{dt^2} = f(t) - Kx(t) - D\frac{dx(t)}{dt} \tag{1.11}$$

図 1.8 の台車に外力 $f(t)$ を与えたときの，平衡点からの変位 $x(t)$ の動きを式(1.11)が表している。

さらに詳しく ━━━━━━━━━━━━━━━━━━━━━━━

回転体の動特性を記述する際には三角関数が使われる。この場合は動作点まわりで線形化を行う。**図 1.11** は，sin 関数と cos 関数の線形化を表しており，θ が小さい値のときに限って次式で近似する。

$$\sin \theta \approx \theta \tag{1.12}$$
$$\cos \theta \approx 0 \tag{1.13}$$

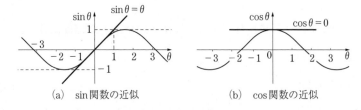

(a) sin関数の近似　　　　　(b) cos関数の近似

図 **1.11** 三角関数の線形化

━━━━━━━━━━━━━━━━━━━━━━━━━━━━━━━━━━

ま と め

制御対象の特性を完璧に数式表現することは難しく，加えて，外乱を無視できないのが現実である。したがって多くの場合，フィードバック制御を適用す

ることになる。制御対象を安定な状態で動かすことが制御の第一の目的であり，それを担保したうえで，高効率，高性能を目指して制御装置を設計する。

　本章では，制御対象の特性を微分積分を使って表現するための基礎を習得した。ここでの変数は時間の関数であって，$v(t)$，$i(t)$，$x(t)$ などを用いた。時間関数のままでは解析や設計が面倒なので，より扱いやすい表現に持ち込むことにする。そのための道具が，つぎの 2 章で学ぶラプラス変換である。

章 末 問 題

【1.1】 図 1.12 に示す機械振動系を考える。質量が M_1〔kg〕，M_2〔kg〕である二つの台車は，摩擦なく床を動くものとする。ばね定数をそれぞれ K_1〔N/m〕，K_2〔N/m〕，ダッシュポットの粘性摩擦係数をそれぞれ D_1〔N·s/m〕，D_2〔N·s/m〕とする。外力 $f(t)$ を図の方向に与え，台車の平衡点からの変位をそれぞれ $x_1(t)$〔m〕，$x_2(t)$〔m〕とするとき，この機械振動系の動特性を表す運動方程式を導出せよ。

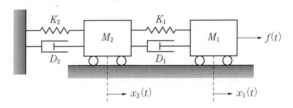

図 1.12 機械振動系

【1.2】 図 1.13 は，RL はしご形回路と呼ばれ，抵抗値が R_1〔Ω〕，R_2〔Ω〕の 2 個の抵抗と，インダクタンスが L_1〔H〕，L_2〔H〕の 2 個のコイルで構成されている。電圧と電流を図のように定義する。電圧 $v_1(t)$〔V〕を入力信号としたとき，電圧 $v_2(t)$〔V〕と電圧 $v_3(t)$〔V〕の振舞いを表す微分方程式を導出せよ。

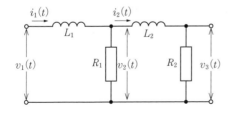

図 1.13 RL はしご形回路

2章

ラプラス変換

は じ め に

　周波数領域での理論展開の中核をなすフーリエ変換において，「信号が絶対積分可能である」と「システムは安定である」は仮定として多くの場面で使われる。倒立振子を含め，不安定なシステムを安定化することが制御の第一の目的であることからも，制御対象としているシステムに，それ自体でもつねに安定であると課することは現実的ではない。

　そこで，フーリエ変換の工学的な適用範囲を広げることを目的としてラプラス変換が提案された。

2.1　代表的な時間関数のラプラス変換

　時間関数$x(t)$を無限の区間で積分しても，つねにその積分が存在するための方策を考えよう。

　不安定なシステムが作り出す時間関数$x(t)$は，時間の経過とともに発散していくが，その発散速度よりもさらに速く発散する**指数関数**（exponential function）e^{at}を考える。この指数関数の逆数であるe^{-at}を$x(t)$に乗じれば，強制的に収束させることができる。すなわち，**フーリエ変換**（Fourier transform）

$$X(\omega) = \int_{-\infty}^{\infty} x(t)e^{-j\omega t}dt \tag{2.1}$$

ではなく，e^{-at}を乗じたうえに，工学への適用上で許される$x(t)=0$，$t<0$の条件をつけて次式とする。

$$\mathcal{L}[x(t)] = \int_0^\infty x(t)e^{-\alpha t}e^{-j\omega t}dt = \int_0^\infty x(t)e^{-st}dt, \quad s = \alpha + j\omega \tag{2.2}$$

これを**ラプラス変換** (Laplace transform) と呼ぶ。ラプラス変換は積分が存在する s の定義域において用いられる。

単位ステップ関数 (unit step function) $u(t) = 1$ のラプラス変換は次式のように計算される。

$$\mathcal{L}[u(t)] = \int_0^\infty e^{-st}dt = \left[-\frac{1}{s}e^{-st} \right]_0^\infty = \frac{1}{s} - \lim_{t \to \infty} \frac{e^{-st}}{s} \tag{2.3}$$

式(2.3)は, $\mathrm{Re}[s] > 0$ の定義域において収束し, 次式の結果が得られる。

$$\mathcal{L}[u(t)] = \mathcal{L}[1] = \frac{1}{s} \tag{2.4}$$

単位インパルス関数 (unit impulse function) $\delta(t)$ は**図 2.1** の h をゼロに近づけることで定義され, その面積は 1 である。

$$\delta(t) = \begin{cases} \infty, & t = 0 \\ 0, & t \neq 0 \end{cases} \tag{2.5}$$

$$\int_{-\infty}^\infty \delta(t)dt = 1 \tag{2.6}$$

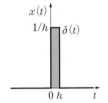

図 2.1 単位インパルス関数

単位インパルス関数 $\delta(t)$ のラプラス変換は, $\mathrm{Re}[s] > 0$ の定義域において次式のように計算される。

$$\mathcal{L}[\delta(t)] = \int_0^\infty \delta(t)e^{-st}dt = e^0 = 1 \tag{2.7}$$

本節の最後に扱う関数は, 指数関数である。指数関数 $x(t) = e^{-at}$ をラプラス変換する。

$$\mathcal{L}[e^{-at}] = \int_0^\infty e^{-at}e^{-st}dt = \int_0^\infty e^{-(s+a)t}dt = \left[\frac{1}{-(s+a)}e^{-(s+a)t}\right]_0^\infty$$

$$= \frac{1}{-(s+a)}\left(\lim_{t\to\infty}e^{-(s+a)t}-1\right) \tag{2.8}$$

式(2.8)は，$\mathrm{Re}[s+a]>0$ の定義域において収束し，次式の結果を得る。

$$\mathcal{L}[e^{-at}] = \frac{1}{s+a} \tag{2.9}$$

(さらに詳しく)

　図 **2.2** に示す，四つの関数は，(a)と(b)，(b)と(c)，(c)と(d)の関数どうしがそれぞれ微分と積分の関係にある。これらをラプラス変換すると，s の次数が一つずつ違っていることを確認できる。

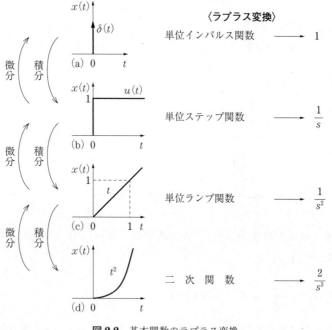

図 2.2 基本関数のラプラス変換

2.2　ラプラス変換に関する性質と定理

ラプラス変換には多くの定理が存在する。その中でも特に重要なものを紹介する。

① 線形性

② 時間領域における推移定理

③ 複素領域における推移定理

④ 微分のラプラス変換

⑤ 積分のラプラス変換

⑥ 最終値の定理

以下においては，$x(t)$のラプラス変換を$X(s)$で表す。

① の**線形性**（linearity）の性質とは

$$\mathcal{L}[x_1(t) + x_2(t)] = \mathcal{L}[x_1(t)] + \mathcal{L}[x_2(t)] \tag{2.10}$$

$$\mathcal{L}[ax_1(t)] = a\mathcal{L}[x_1(t)] \tag{2.11}$$

が成り立つことである。このことは，定義式から証明することができる。

$$\mathcal{L}[ax_1(t) + bx_2(t)] = \int_0^\infty \{ax_1(t) + bx_2(t)\}e^{-st}dt$$

$$= a\int_0^\infty x_1(t)e^{-st}dt + b\int_0^\infty x_2(t)e^{-st}dt$$

$$= aX_1(s) + bX_2(s) \tag{2.12}$$

② の**時間領域**（time domain）と ③ の**複素領域**（complex domain）における**推移定理**（transition theorem）は，それぞれ次式の成立を指す。

$$\mathcal{L}[x(t-L)] = e^{-Ls}X(s) \tag{2.13}$$

$$\mathcal{L}[e^{-bt}x(t)] = X(s+b) \tag{2.14}$$

式(2.13)は，L の長さの**むだ時間**（dead time）が e^{-Ls} で表されることを意味している。

④ の**微分のラプラス変換**（Laplace transform of differential function）はよく

使われる。

$$\mathcal{L}\left[\frac{dx(t)}{dt}\right] = sX(s) - x(0) \tag{2.15}$$

この式の導出には部分積分の公式を適用する。

$$\mathcal{L}\left[\frac{dx(t)}{dt}\right] = \int_0^\infty \frac{dx(t)}{dt} e^{-st} dt = [x(t)e^{-st}]_0^\infty + s\int_0^\infty x(t)e^{-st} dt \tag{2.16}$$

よって，$\lim_{t \to \infty} x(t)e^{-st} = 0$ となる s の定義域において，式(2.15)が成り立つ。

⑤ の積分のラプラス変換 (Laplace transform of integral function)

$$\mathcal{L}\left[\int_0^t x(\tau)d\tau\right] = \frac{1}{s}X(s) \tag{2.17}$$

も，部分積分の公式を適用して導出することができる。

⑥ の最終値の定理 (final value theorem)

$$\lim_{t \to \infty} x(t) = \lim_{s \to 0} sX(s) \tag{2.18}$$

は，時間関数の定常値を求める際に有効である。

まず，つぎの極限を考える。

$$\lim_{s \to 0} \int_0^\infty \frac{dx(t)}{dt} e^{-st} dt = \int_0^\infty \lim_{s \to 0} e^{-st} \frac{dx(t)}{dt} dt = \int_0^\infty \frac{dx(t)}{dt} dt$$

$$= \lim_{\tau \to \infty} \int_0^\tau \frac{dx(t)}{dt} dt = \lim_{\tau \to \infty} \{x(\tau) - x(0)\}$$

$$= \lim_{\tau \to \infty} x(\tau) - x(0) \tag{2.19}$$

式(2.19)の左辺は微分のラプラス変換であるから，式(2.15)を用いて

$$\lim_{s \to 0}\left\{\int_0^\infty \frac{dx(t)}{dt} e^{-st} dt\right\} = \lim_{s \to 0}\{sX(s) - x(0)\} = \lim_{s \to 0} sX(s) - x(0) \tag{2.20}$$

のように表すことができる。式(2.19)と式(2.20)の右辺どうしを等しくおいて，式(2.18)を得る。

さらに詳しく ━━━━━━━━━━━━━━━━━━━━━━━━━━━━━

いろいろな関数のラプラス変換を**表 2.1** にまとめて示す。

$x(t) \Rightarrow X(s)$ をラプラス変換，$X(s) \Rightarrow x(t)$ を逆ラプラス変換と呼ぶ。

表 2.1 ラプラス変換表

$x(t)$, $t \geqq 0$	$X(s)$	$x(t)$, $t \geqq 0$	$X(s)$
$\delta(t)$	1	$\sin \omega t$	$\dfrac{\omega}{s^2 + \omega^2}$
$u(t)$	$\dfrac{1}{s}$	$\cos \omega t$	$\dfrac{s}{s^2 + \omega^2}$
t	$\dfrac{1}{s^2}$	$e^{-at} \sin \omega t$	$\dfrac{\omega}{(s+a)^2 + \omega^2}$
t^n	$\dfrac{n!}{s^{n+1}}$	$e^{-at} \cos \omega t$	$\dfrac{s+a}{(s+a)^2 + \omega^2}$
e^{-at}	$\dfrac{1}{s+a}$	$\sin(\omega t + \theta)$	$\dfrac{s \sin \theta + \omega \cos \theta}{s^2 + \omega^2}$
te^{-at}	$\dfrac{1}{(s+a)^2}$	$\cos(\omega t + \theta)$	$\dfrac{s \cos \theta - \omega \sin \theta}{s^2 + \omega^2}$
$t^n e^{-at}$	$\dfrac{n!}{(s+a)^{n+1}}$	$\sinh \omega t$	$\dfrac{\omega}{s^2 - \omega^2}$
$1 - e^{-at}$	$\dfrac{a}{s(s+a)}$	$\cosh \omega t$	$\dfrac{s}{s^2 - \omega^2}$
$x(at)$	$\dfrac{1}{a} X\left(\dfrac{s}{a}\right)$	$x(t - \tau)$	$e^{-\tau s} X(s)$

━━━━━━━━━━━━━━━━━━━━━━━━━━━━━━━━━━━━

2.3 ヘビサイドの展開定理

逆ラプラス変換（inverse Laplace transform）を行うとき，多くの場合，その前処理として**部分分数**（partial fraction）に分解する必要がある。

例えば，$(s+3)/(s^2 + 3s + 2)$ は，つぎの形に分解できる。

$$\frac{s+3}{(s+1)(s+2)} = \frac{A}{s+1} + \frac{B}{s+2} \tag{2.21}$$

ここで，A，B を求めるために，式(2.21)の右辺を通分する。

$$\frac{A}{s+1} + \frac{B}{s+2} = \frac{(A+B)s + 2A + B}{(s+1)(s+2)} \tag{2.22}$$

式(2.21)左辺と式(2.22)右辺の分子を等しくおくことで，つぎの**連立方程式**（simultaneous equations）を得る。

$$A + B = 1 \tag{2.23}$$

$$2A + B = 3 \tag{2.24}$$

これを解くと，$A = 2$，$B = -1$ となる。このように，通分をしてから連立方程式を解く方法は手間が掛かる。そこで，少し工夫してみよう。

式(2.21)の両辺に $s+1$ を掛けると

$$\frac{s+3}{s+2} = A + \frac{B(s+1)}{s+2} \tag{2.25}$$

となる。上式に $s = -1$ を代入する。

$$2 = A \tag{2.26}$$

同様に，式(2.21)の両辺に $s+2$ を掛けて

$$\frac{s+3}{s+1} = \frac{A(s+2)}{s+1} + B \tag{2.27}$$

にしておいて，$s = -2$ を代入すると

$$-1 = B \tag{2.28}$$

を得る。このやり方を**ヘビサイドの展開定理**（Heaviside's expansion theorem）という。重根がある場合は，もうひと工夫が必要となる。

【例題 2.1】　次式を部分分数に分解してみよう。

$$\frac{1}{(s-1)(s-2)^2}$$

【解】　重根がある場合は，次式の形に分解できる。

$$\frac{1}{(s-1)(s-2)^2} = \frac{A}{s-1} + \frac{B}{(s-2)^2} + \frac{C}{s-2} \tag{2.29}$$

式 (2.29) の両辺に $s-1$ を掛ける。

$$\frac{1}{(s-2)^2} = A + \frac{B(s-1)}{(s-2)^2} + \frac{C(s-1)}{s-2} \tag{2.30}$$

式 (2.30) に $s=1$ を代入する。

$$1 = A \tag{2.31}$$

式 (2.29) の両辺に $(s-2)^2$ を掛ける。

$$\frac{1}{(s-1)} = \frac{A(s-2)^2}{s-1} + B + C(s-2) \tag{2.32}$$

式 (2.32) に $s=2$ を代入する。

$$1 = B \tag{2.33}$$

　最後の係数 C を求めるために，いままでと同様に式 (2.29) の両辺に $s-2$ を掛けるのでは，$s=2$ を代入したときに，右辺第 2 項においてゼロ割が発生する。

　そこで，式 (2.32) を s で微分すると

$$\frac{-1}{(s-1)^2} = \frac{2A(s-2)(s-1) - A(s-2)^2}{(s-1)^2} + 0 + C \tag{2.34}$$

となる。ここで，$s=2$ を代入する。

$$-1 = C \tag{2.35}$$

以上で，式 (2.29) の右辺の係数がすべて求められた。　　　　　　　　　　▲

2.4　微分方程式を解く

　本節では，ラプラス変換を使って**微分方程式**（differential equation）を解くことを学ぶ。まず，微分方程式をラプラス変換することで**代数方程式**（algebraic equation）に変換する。つぎに，この方程式の解を求め，最後に逆ラプラ

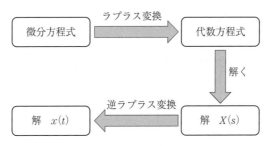

図 2.3　ラプラス変換を使って微分方程式を解く

ス変換して時間関数の解を得る。解法の流れを**図 2.3** に示す。

【例題 2.2】 つぎの微分方程式をラプラス変換を使って解いてみよう。

$$\frac{d^2x(t)}{dt^2} + 3\frac{dx(t)}{dt} + 2x(t) = 5 \tag{2.36}$$

ただし，初期値は，$x(0) = -1$，$x'(0) = 2$ とする。

【解】 $\mathcal{L}[d^2x(t)/dt^2]$ は，微分の公式(2.15)を 2 回適用して導出できる。

$$\mathcal{L}\left[\frac{d^2x(t)}{dt^2}\right] = s\mathcal{L}\left[\frac{dx(t)}{dt}\right] - x'(0) = s\{sX(s) - x(0)\} - x'(0)$$

$$= s^2X(s) - sx(0) - x'(0) \tag{2.37}$$

したがって，与式(2.36)をラプラス変換すると次式のようになる。

$$s^2X(s) - sx(0) - x'(0) + 3sX(s) - 3x(0) + 2X(s) = \frac{5}{s} \tag{2.38}$$

初期値を代入して $X(s)$ について解く。

$$X(s) = \frac{-s^2 - s + 5}{s(s^2 + 3s + 2)} = \frac{-s^2 - s + 5}{s(s+1)(s+2)} \tag{2.39}$$

式(2.39)を部分分数に分解する。

$$X(s) = \frac{5}{2} \cdot \frac{1}{s} - \frac{5}{s+1} + \frac{3}{2} \cdot \frac{1}{s+2} \tag{2.40}$$

ここで，式(2.40)の右辺第 1 項の係数は次式のようにして計算した。

$$\left.\frac{-s^2 - s + 5}{(s+1)(s+2)}\right|_{s=0} = \frac{5}{2} \tag{2.41}$$

式(2.40)を逆ラプラス変換すると次式となる。

$$x(t) = \frac{5}{2} - 5e^{-t} + \frac{3}{2}e^{-2t} \tag{2.42}$$

▲

【例題 2.3】 つぎの微分方程式をラプラス変換を使って解いてみよう。

$$\frac{dx(t)}{dt} + 3x(t) = \sin 2t \tag{2.43}$$

ただし，初期値は，$x(0) = 0$ とする。

【解】 式(2.43)をラプラス変換する。

$$sX(s) - x(0) + 3X(s) = \frac{2}{s^2 + 4} \tag{2.44}$$

初期値を代入して，$X(s)$について解く。

$$X(s) = \frac{2}{(s+3)\,(s^2+4)} \tag{2.45}$$

式(2.45)を部分分数

$$X(s) = \frac{2}{13}\left(\frac{1}{s+3} - \frac{s}{s^2+4} + \frac{3}{s^2+4}\right) \tag{2.46}$$

に分解して，逆ラプラス変換すると次式となる。

$$x(t) = \frac{1}{13}\left(2e^{-3t} - 2\cos 2t + 3\sin 2t\right) \tag{2.47}$$

▲

（ さらに詳しく ）━━━━━━━━━━━━━━━━━━━━━━━━━━━━━━━

例題 2.3 において，式(2.45)の部分分数への分解では

$$X(s) = \frac{2}{(s+3)\,(s^2+4)} = \frac{2}{13}\left(\frac{A}{s+3} + \frac{Bs+C}{s^2+4}\right) \tag{2.48}$$

と形を決めてから，通分して係数 A, B, C を求めた。ここでは，ヘビサイドの展開定理を使ってみよう。分母の定数項に複素数を許して

$$\frac{2}{(s+3)\,(s^2+4)} = \frac{A}{s+3} + \frac{B}{s-j2} + \frac{C}{s+j2} \tag{2.49}$$

とおく。定数 A, B, C は，次式のように求めることができる。

$$A = \frac{2}{s^2+4}\bigg|_{s=-3} = \frac{2}{9+4} = \frac{2}{13} \tag{2.50}$$

$$B = \frac{2}{(s+3)\,(s+j2)}\bigg|_{s=j2} = \frac{2}{(j2+3)\,(j4)} = \frac{1}{-4+j6} = \frac{-(2+j3)}{26} \tag{2.51}$$

$$C = \frac{2}{(s+3)\,(s-j2)}\bigg|_{s=-j2} = \frac{2}{(-j2+3)\,(-j4)} = \frac{1}{-4-j6} = \frac{-(2-j3)}{26} \tag{2.52}$$

したがって，式(2.45)は

$$X(s) = \frac{1}{13} \left(\frac{2}{s+3} - \frac{2+j3}{2} \cdot \frac{1}{s-j2} - \frac{2-j3}{2} \cdot \frac{1}{s+j2} \right) \qquad (2.53)$$

となるから，これを逆ラプラス変換して次式を得る。

$$x(t) = \frac{1}{13} \left(2e^{-3t} - \frac{2+j3}{2} e^{j2t} - \frac{2-j3}{2} e^{-j2t} \right) \qquad (2.54)$$

式(2.54)を 5.1 節で説明するオイラーの公式を使って整理する。

$$x(t) = \frac{1}{13} \left\{ 2e^{-3t} - (e^{j2t} + e^{-j2t}) - \frac{j3}{2} (e^{j2t} - e^{-j2t}) \right\}$$

$$= \frac{1}{13} \left(2e^{-3t} - 2\cos 2t - \frac{j3}{2} \cdot j2 \sin 2t \right)$$

$$= \frac{1}{13} (2e^{-3t} - 2\cos 2t + 3\sin 2t) \qquad (2.47 \text{ 再掲})$$

ラプラス変換を使って解く場合，逆ラプラス変換の準備のために解 $X(s)$ を部分分数に分解する必要がある。その際，分母を複素数のレベルまで許すかどうかで見掛け上かなり違うことを紹介した。二つの解法の流れをまとめると**図 2.4** となる。

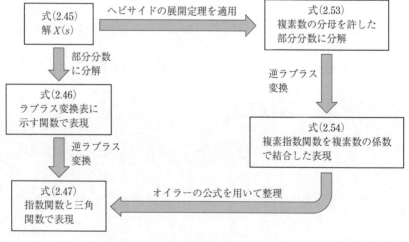

図 2.4　ラプラス変換を使った二つの解法の流れ

ま と め

　時間関数のままでは解析や設計が面倒なので，より扱いやすい表現に持ち込むことを 1 章の最後で述べた。そのための数学的道具がラプラス変換である。そこで，本章でラプラス変換の基礎を復習した。また，微分方程式にラプラス変換と逆ラプラス変換を使って時間解を求める解法を習得した。代数方程式の解を求めるまでは比較的簡単であるが，その解を逆ラプラス変換して時間解に戻すのにかなりの手間が掛かることも併せて体験した。

章 末 問 題

【2.1】 次式を部分分数に分解せよ。

$$\frac{1}{s^4 - 1} \tag{2.55}$$

【2.2】 次式を部分分数に分解せよ。

$$\frac{s-1}{(s+1)^2} \tag{2.56}$$

【2.3】 次式の微分方程式をラプラス変換を使って解け。

$$\frac{d^2x(t)}{dt^2} - x(t) = t \tag{2.57}$$

　ただし，初期値は，$x(0) = 1$，$x'(0) = 1$ とする。

【2.4】 次式の微分方程式をラプラス変換を使って解け。

$$\frac{d^2x(t)}{dt^2} + 2\frac{dx(t)}{dt} + x(t) = e^{-t} \tag{2.58}$$

　ただし，初期値は，$x(0) = -1$，$x'(0) = 1$ とする。

【2.5】 次式の微分方程式をラプラス変換を使って解け。

$$\frac{d^2x(t)}{dt^2} + 2\frac{dx(t)}{dt} + x(t) = \sin t \tag{2.59}$$

　ただし，初期値は，$x(0) = 0$，$x'(0) = 1$ とする。

3章

伝 達 関 数

は じ め に

　本章では最初に信号の伝達を取り扱い，任意波形の信号を線形システムに入力するとき，出力信号は時間関数としてどのように記述されるかを考える。つぎに，得られた式をラプラス変換することで，伝達関数の概念を導く。

　ここで，入力信号から出力信号までの特性表現になぜ伝達関数を採用するのかを説明する。その後，伝達関数の定義をまとめたうえで，時間応答が与えられたときの伝達関数の求め方を解説する。逆に，伝達関数から時間応答を計算する際には，ヘビサイドの展開定理と逆ラプラス変換が使われる。

3.1　信 号 の 伝 達

　2章において，単位インパルス関数 $\delta(t)$ を次式のように定義した。

$$\delta(t) = \begin{cases} \infty, & t = 0 \\ 0, & t \neq 0 \end{cases} \qquad\qquad (2.5\ \text{再掲})$$

$$\int_{-\infty}^{\infty} \delta(t)\, dt = 1 \qquad\qquad (2.6\ \text{再掲})$$

これを図的に表現すると，例えば図 2.1 において $h \to 0$ とした場合である。

　この単位インパルスを時刻 τ で線形システムに入力したときの**出力信号**（output signal）が，**図 3.1** の $g(t-\tau)$ で表されている。単位インパルス $\delta(t-\tau)$ が原因となって生じた**単位インパルス応答**（unit impulse response）$g(t-\tau)$ は，時刻 τ より前に立ち上がることはない。これを**因果律**（law of causality）

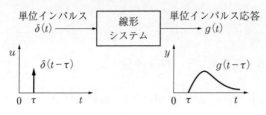

図 3.1 単位インパルス応答

という。

　いま，**図 3.2** に示す**入力信号**（input signal）$u(t)$ を線形システムに加えたときの出力信号を求めよう。ただし，このシステムの単位インパルス応答 $g(t)$ はわかっているものとする。

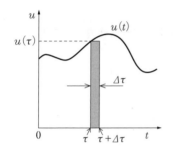

図 3.2　入力信号をインパルスへ
　　　　　分解

　図 3.2 のように，入力信号 $u(t)$ を微小幅 $\Delta\tau$ の短冊インパルスに分解して扱う。時刻と高さが異なるそれぞれのインパルスに対する応答を加え合わせることで，出力信号 $y(t)$ を得ることができる。これを**重ね合わせの原理**（superposition principle）という。

　図中の短冊は，高さ $u(\tau)$，幅 $\Delta\tau$ なので，単位インパルスを $u(\tau)\Delta\tau$ 倍したものに相当するから，この応答は $g(t-\tau)u(\tau)\Delta\tau$ である。よって，出力信号 $y(t)$ は

$$y(t) = \int_{-\infty}^{\infty} g(t-\tau)u(\tau)d\tau \tag{3.1}$$

で計算できる。因果律から，$g(t-\tau) = 0$，$t < \tau$ なので，式(3.1)は

$$y(t) = \int_{-\infty}^{t} g(t-\tau)u(\tau)d\tau \tag{3.2}$$

である。式(3.2)に変数変換 $\tau' = t - \tau$ を施す。

$$y(t) = -\int_{t+\infty}^{0} g(\tau')u(t-\tau')d\tau' = \int_{0}^{\infty} g(\tau')u(t-\tau')d\tau' \tag{3.3}$$

τ' を改めて τ と表して次式となる。

$$y(t) = \int_{0}^{\infty} g(\tau)u(t-\tau)d\tau \tag{3.4}$$

式(3.4)の積分変数は τ であって，τ が増加するとき被積分関数 g は増加，被積分関数 u は減少する。この特殊な形の積分を**畳込み積分**（convolution）という。

$u(t) = 0$, $t < 0$ として，式(3.4)の辺々をラプラス変換してみよう。

$$\int_{0}^{\infty} y(t)e^{-st}dt = \int_{0}^{\infty}\int_{0}^{\infty} g(\tau)u(t-\tau)d\tau\, e^{-st}dt$$

$$= \int_{0}^{\infty} g(\tau)e^{-s\tau}d\tau \int_{0}^{\infty} u(t-\tau)e^{-s(t-\tau)}dt \tag{3.5}$$

式(3.5)右辺の二つ目の積分について，変数変換 $t' = t - \tau$ を施す。

$$\int_{0}^{\infty} u(t-\tau)e^{-s(t-\tau)}dt = \int_{-\tau}^{\infty-\tau} u(t')e^{-st'}dt' = \int_{0}^{\infty} u(t')e^{-st'}dt' \tag{3.6}$$

したがって，式(3.5)は

$$\int_{0}^{\infty} y(t)e^{-st}dt = \int_{0}^{\infty} g(\tau)e^{-s\tau}d\tau \int_{0}^{\infty} u(t')e^{-st'}dt' \tag{3.7}$$

となる。$y(t)$, $g(t)$, $u(t)$ のラプラス変換をそれぞれ $Y(s)$, $G(s)$, $U(s)$ とすれば，式(3.7)は次式のようになる。

$$Y(s) = G(s)U(s) \tag{3.8}$$

以上から，畳込み積分の式(3.4)で計算される出力信号は，式(3.8)のように，単位インパルス応答と入力信号それぞれのラプラス変換の積で表すことができる。これを**図 3.3** に示す。

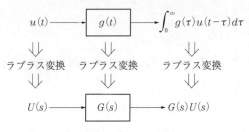

図 3.3 出力信号を積で示す

　この $G(s)$ を**伝達関数**（transfer function）という。システムの特性を伝達関数で表せば，出力信号は式(3.8)で求めることができるので，畳込み積分の式(3.4)に比べて取扱いが簡単である。もちろん，後で学ぶように，伝達関数を通してシステムの挙動や安定性などを解析できる。これが，システムの表現形式として伝達関数を選んだ理由である。

　ここで改めて伝達関数を定義しておこう。

①　単位インパルス応答のラプラス変換：

$$G(s) = \mathcal{L}[g(t)] \tag{3.9}$$

②　入力信号と出力信号それぞれのラプラス変換の商：

$$G(s) = \frac{Y(s)}{U(s)} \tag{3.10}$$

3.2　時間応答から伝達関数を計算する

　単位インパルス応答 $g(t)$ が与えられている場合は，定義式(3.9)から，$g(t)$ をラプラス変換するだけで伝達関数を得る。このことは，もう一つの定義式(3.10)からも確認できる。なぜなら，このときの入力信号 $u(t)$ は単位インパルス $\delta(t)$ であって，そのラプラス変換が 1 となることは式(2.7)で導出している。よって，$G(s) = Y(s)/1$ なので，出力信号をラプラス変換して 1 で割れば伝達関数となる。

　入力信号と出力信号のそれぞれが時間関数で与えられる場合は，定義式

(3.10) を使う。

【例題 3.1】　大きさ 1.5 のステップ入力に対する**出力応答**（output response）が

$$y(t) = 3e^{-2t} - 3e^{-5t} \tag{3.11}$$

であるとき，このシステムの伝達関数を求めてみよう。

【解】　入力信号 $u(t)$ は，大きさ 1.5 のステップ関数であるから，そのラプラス変換は式(2.4)から

$$U(s) = \frac{1.5}{s} \tag{3.12}$$

である。出力信号 $y(t)$ をラプラス変換する。

$$Y(s) = \mathcal{L}[y(t)] = 3\mathcal{L}[e^{-2t}] - 3\mathcal{L}[e^{-5t}]$$

$$= \frac{3}{s+2} - \frac{3}{s+5} = \frac{9}{(s+2)(s+5)} \tag{3.13}$$

式(3.12)と式(3.13)を定義式(3.10)に代入することで，このシステムの伝達関数 $G(s)$ を得る。

$$G(s) = \frac{Y(s)}{U(s)} = \frac{6s}{(s+2)(s+5)} \tag{3.14}$$

▲

3.3　伝達関数から時間応答を計算する

本節では，システムの伝達関数と入力信号が与えられている場合を扱う。式(3.8)を使って $Y(s)$ を求め，それを逆ラプラス変換して出力信号 $y(t)$ を得る。

【例題 3.2】　伝達関数が

$$G(s) = \frac{14s + 24}{s^2 + 6s + 8} \tag{3.15}$$

であるシステムの**単位ステップ応答**（unit step response）を求めてみよう。

【解】　入力信号 $u(t)$ は単位ステップ関数なので，そのラプラス変換は

$$U(s) = \frac{1}{s} \tag{3.16}$$

である。式(3.8)から

$$Y(s) = G(s)U(s) = \frac{14s+24}{s(s^2+6s+8)} \tag{3.17}$$

となる。式(3.17)を逆ラプラス変換する前処理として，つぎの形の部分分数に分解しよう。

$$\frac{14s+24}{s(s^2+6s+8)} = \frac{A}{s} + \frac{B}{s+2} + \frac{C}{s+4} \tag{3.18}$$

式(3.18)の係数をヘビサイドの展開定理を用いて求める。

$$A = sY(s)\big|_{s=0} = \frac{14s+24}{(s+2)(s+4)}\bigg|_{s=0} = \frac{24}{8} = 3 \tag{3.19}$$

$$B = (s+2)Y(s)\big|_{s=-2} = \frac{14s+24}{s(s+4)}\bigg|_{s=-2} = \frac{-4}{-4} = 1 \tag{3.20}$$

$$C = (s+4)Y(s)\big|_{s=-4} = \frac{14s+24}{s(s+2)}\bigg|_{s=-4} = \frac{-32}{8} = -4 \tag{3.21}$$

以上から $Y(s)$ は

$$Y(s) = \frac{3}{s} + \frac{1}{s+2} - \frac{4}{s+4} \tag{3.22}$$

となる。これを逆ラプラス変換する。

$$y(t) = 3 + e^{-2t} - 4e^{-4t} \tag{3.23}$$

これが所望の単位ステップ応答である。　　　　　　　　　　　　　　　　　▲

3.4　入力信号から出力信号までの伝達関数

　抵抗とコンデンサが直列に接続されている**図 3.4** の電気回路がある。入力信号を $v_i(t)$〔V〕，出力信号を $v_c(t)$〔V〕とするときの伝達関数を求めよう。ただし，$t=0$ において，コンデンサの電荷はゼロであるとする。

　抵抗値 R〔Ω〕の抵抗の両端の電圧は $Ri(t)$〔V〕であり，コンデンサの両端の電圧 $v_c(t)$ との和が $v_i(t)$ である。したがって，次式が成り立つ。

$$Ri(t) + v_c(t) = v_i(t) \tag{3.24}$$

ここで，$v_c(t)$ は静電容量 C〔F〕を使って

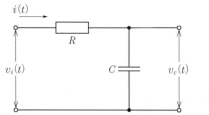

図 3.4　RC 直列回路

$$v_c(t) = \frac{1}{C} \int_0^t i(\tau)d\tau \tag{3.25}$$

と表されるから，式(3.25)の両辺を時間 t で微分して次式を得る。

$$i(t) = C\frac{dv_c(t)}{dt} \tag{3.26}$$

式(3.26)を式(3.24)に代入する。

$$RC\frac{dv_c(t)}{dt} + v_c(t) = v_i(t) \tag{3.27}$$

$v_c(0) = 0$ の条件下で式(3.27)をラプラス変換すると

$$RCsV_c(s) + V_c(s) = V_i(s) \tag{3.28}$$

となる。したがって，入力信号を $V_i(s)$，出力信号を $V_c(s)$ とするときの伝達関数は，次式で与えられる。

$$G(s) = \frac{V_c(s)}{V_i(s)} = \frac{1}{RCs+1} \tag{3.29}$$

　この形の伝達関数をもつ要素を**一次遅れ要素**（first order lag element）という。

【例題 3.3】　例題 3.2 と同じ図 3.4 に示す電気回路において，入力信号を $v_i(t)$〔V〕，出力信号を $i(t)$〔A〕とするときの伝達関数を求めてみよう。

【解】　式(3.25)を式(3.24)に代入する。

$$Ri(t) + \frac{1}{C}\int_0^t i(\tau)d\tau = v_i(t) \tag{3.30}$$

式(3.30)をラプラス変換して

$$RI(s) + \frac{1}{Cs}I(s) = V_i(s) \tag{3.31}$$

となる。式(3.31)はつぎのように変形できる。

$$V_i(s) = \left(R + \frac{1}{Cs}\right)I(s) = \frac{RCs+1}{Cs}I(s) \tag{3.32}$$

したがって，入力信号を $V_i(s)$，出力信号を $I(s)$ とするときの伝達関数は

$$G(s) = \frac{I(s)}{V_i(s)} = \frac{Cs}{RCs+1} \tag{3.33}$$

である。この形の伝達関数をもつ要素を**一次遅れの微分要素**（first order lag differentiating element, first order lag derivative element）という。　　　▲

【例題 3.4】　図 3.5 に示すように，床の上を摩擦なく移動する台車が，ばねとダシュポットで壁につながれており，図に示す方向に外力 $f(t)$〔F〕を加える。このとき，外力 $f(t)$ を入力信号，平衡点からの変位 $x(t)$〔m〕を出力信号とする伝達関数を求めてみよう。ただし，ばね定数を K〔N/m〕，ダシュポットの粘性減衰係数を D〔N・m/s〕，台車の質量を M〔kg〕とする。

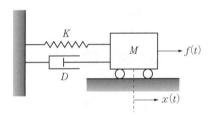

図 3.5　機械振動系

【解】　ばねによる制動力は台車変位に比例し，ダシュポットによる制動力は台車速度に比例する。このシステムの運動方程式は次式で表される。

$$M\frac{d^2x(t)}{dt^2} = f(t) - Kx(t) - D\frac{dx(t)}{dt} \tag{3.34}$$

すべての初期値をゼロとして式(3.34)をラプラス変換する。

$$Ms^2X(s) = F(s) - KX(s) - DsX(s) \tag{3.35}$$

式(3.35)は，次式のように変形することができる。

$$\{Ms^2 + Ds + K\}X(s) = F(s) \tag{3.36}$$

よって，所望の伝達関数は

$$G(s) = \frac{X(s)}{F(s)} = \frac{1}{Ms^2 + Ds + K} \tag{3.37}$$

となる。この形の伝達関数をもつ要素を**二次遅れ要素**（second order lag element）という。　　　　　　　　　　　　　　　　　　　　　　　　　　　▲

ま と め

入力信号 $u(t)$ を単位インパルス応答 $g(t)$ の線形システムに入力するとき，出力信号 $y(t)$ は $u(t)$ と $g(t)$ の畳込み積分で表される。この積分の式をラプラス変換することで $Y(s) = G(s)U(s)$ を得る。すなわち，出力信号のラプラス変換を単位インパルス応答のラプラス変換と入力信号のラプラス変換との積で表すことができ，畳込み積分に比べて格段に扱いやすくなった。

単位インパルス応答 $g(t)$ のラプラス変換である $G(s)$ を伝達関数という。$G(s)$ は，入力信号と出力信号それぞれのラプラス変換の商として求めることもできる。3.4 節では，電気回路と機械振動系において，入力信号と出力信号が指定されたときの伝達関数の導出法を学んだ。

章 末 問 題

【3.1】 抵抗とコンデンサで構成されている**図 3.6** に示す電気回路において，電圧 $v_i(t)$ を入力信号，電圧 $v_o(t)$ を出力信号とみなしたときの伝達関数を求めよ。ただし，$t = 0$ において，コンデンサの電荷はゼロであるとする。

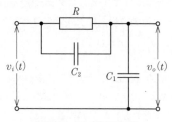

図 3.6 *RC* 直並列回路

【3.2】 **図 3.7** に示すような空気タンクにおいて，供給空気圧 $p_1(t)$ を入力信号，タンクの内圧 $p_2(t)$ を出力信号とみなしたときの伝達関数を求めよ。ただし，タンクの容積を V，流路抵抗を R とし，$p_1(t)$ と $p_2(t)$ の差は小さいとする。

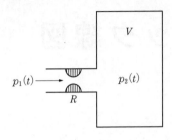

図 3.7 空気タンク

4章

ブロック線図

は じ め に

　ブロック線図は，フィードバック制御系の中での信号伝達のありさまを表す線図であり，電気工学で用いられている回路図に相当する。しかし，両者には大きな差異がある。すなわち，電気の回路図は実際の回路の記号表現であって，例えば分岐点では電流はキルヒホッフの第一法則に従って分流し，エネルギーの伝わり方も回路図は表現している。これに対してブロック線図は信号伝達の系統図であり，回路図のように実物の記号的スケッチではない。両者の差を十分に意識したうえでブロック線図を習得することが肝要である。

4.1　ブロック線図の導入

　ブロック線図（block diagram）の基本要素を**図 4.1** に示す。図(a)に示すように，**伝達要素**（transfer element）は四角のブロックで表し，その中に伝達関数を記入する。信号の伝達は矢印をつけた線分を用いて，伝達要素の入力信号と出力信号のそれぞれをブロックの左右に示す。

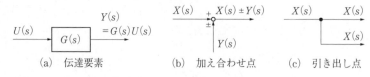

$$U(s) \quad G(s) \quad \begin{array}{c} Y(s) \\ = G(s)U(s) \end{array}$$

(a)　伝達要素　　　　　(b)　加え合わせ点　　　(c)　引き出し点

図 4.1　ブロック線図の基本要素

　図(b)，(c)に示すように，信号の加減算は加え合わせ点，信号の分岐を示すには引き出し点を用いる。引き出し点では分岐後の各分岐に分岐前と等しい信号が伝達される。エネルギーや物資の流れのように分流・分配するのではないことに注意すべきである。

4.2 等 価 変 換

　制御系の各部分の入出力信号の関係をブロック線図で表現してシステム全体のブロック線図を完成しても，そのままでは着目する信号間の関係が明りょうでない場合がある。そこで，理論的解析や設計を楽にするために，ブロック線図を等価変換して扱いやすくする必要が生じる。そのときに重要なのは，ブロック線図を使ってなにをやろうとしているかを見失わないことである。

　目標値の設定変更による制御偏差の推移を検証したいのか，外乱に対する制御量の応答特性を決定したいのか，あるいは，制御系の安定判別を行いたいのかなど目的は多様であるから，現在の目的を強く意識することで，その目的に応じた的確な**等価変換**（equivalent transformation）を行うようにしなければならない。

　本章以降においては，表記を簡単にして，例えば $G(s)$，$Y(s)$ を G，Y で表すこととする。

　基本的な等価変換を**表 4.1** に示す。特に重要な結合法則はつぎの ①，②，③ の三つである。

① **直列結合**（series coupling）

$$\left.\begin{array}{l} X = G_1 U \\ Y = G_2 X \end{array}\right\} \quad \Rightarrow \quad Y = G_1 G_2 U \tag{4.1}$$

② **並列結合**（parallel coupling）

$$\left.\begin{array}{l} Y = Y_1 \pm Y_2 \\ Y_1 = G_1 U \\ Y_2 = G_2 U \end{array}\right\} \quad \Rightarrow \quad Y = (G_1 \pm G_2)\, U \tag{4.2}$$

表 4.1　ブロック線図の等価変換

種　類	変換前	変換後
順序変更	$U \to G_1 \to G_2 \to Y$	$U \to G_2 \to G_1 \to Y$
直列結合	$U \to G_1 \to G_2 \to Y$	$U \to G_1 G_2 \to Y$
並列結合	U 分岐 $\to G_1$ / G_2 加え合わせ $\to Y$	$U \to G_1 \pm G_2 \to Y$
加え合わせ点の移動 1	X, Y 加え合わせ $\to G \to Z$	$X \to G$, $Y \to G$ 加え合わせ $\to Z$
加え合わせ点の移動 2	$X \to G \to$ 加え合わせ（Y）$\to Z$	加え合わせ（X, $Y \to 1/G$）$\to G \to Z$
引き出し点の移動 1	$U \to G \to Y$、分岐 $\to U$	$U \to G \to Y$、分岐 $\to 1/G \to U$
引き出し点の移動 2	$U \to G \to Y$、Y	U 分岐 $\to G \to Y$、$\to G \to Y$
信号の向きを逆に 1	$U \to G \to Y$	$U \gets 1/G \gets Y$
信号の向きを逆に 2	加え合わせ（X, Y）$\to Z$	加え合わせ（X, Y）$\gets Z$
フィードバック結合 1	$R \to$ 加え合わせ $E \to G \to Y$、H	$R \to \dfrac{G}{1 \pm GH} \to Y$
フィードバック結合 2	$R \to$ 加え合わせ $E \to G \to Y$、H	$R \to \dfrac{1}{1 \pm GH} \to E$

③　**フィードバック結合**（feedback connection）1

$$Y = G(R \mp HY) \quad \Rightarrow \quad Y = \frac{G}{1 \pm GH} \cdot R \tag{4.3}$$

さらに詳しく ━━━━━━━━━━━━━━━━━━━━━━━━━━━━━━━━━

ブロック線図の等価変換は，式(4.1)〜式(4.3)でも明らかなように演算で考えるとわかりやすい。

④ 加え合わせ点の移動1

$$Z = G(X \pm Y) \quad \Rightarrow \quad Z = GX \pm GY \tag{4.4}$$

⑤ 加え合わせ点の移動2

$$Z = GX \pm Y \quad \Rightarrow \quad Z = G\left(X \pm \frac{Y}{G}\right) \tag{4.5}$$

⑥ 信号の向きを逆に1

$$Y = GU \quad \Rightarrow \quad U = \frac{1}{G} \cdot Y \tag{4.6}$$

⑦ 信号の向きを逆に2

$$Z = X \pm Y \quad \Rightarrow \quad X = Z \mp Y \tag{4.7}$$

⑧ フィードバック結合2

$$E = R \mp GHE \quad \Rightarrow \quad E = \frac{1}{1 \pm GH} \cdot R \tag{4.8}$$

━━

4.3 入力信号から出力信号までのブロック線図

図4.2 に示すブロック線図を等価変換によって一つのブロックにしよう。
まず，G_2 の左側にある引出し点を右側に移動することで**図4.3** となる。

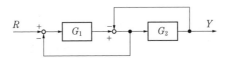

図4.2 R から Y までのブロック線図

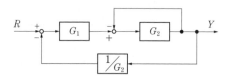

図 **4.3**　等価変換後のブロック線図

つぎに，G_2 周りのフィードバック結合を一つのブロックで表現したあと，G_1 の直列結合をまとめる。その結果を**図 4.4** に示す。

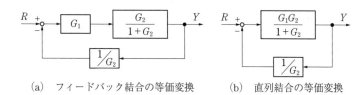

（a）　フィードバック結合の等価変換　　　　（b）　直列結合の等価変換

図 **4.4**　等価変換後のブロック線図

最後にもう一度，フィードバック結合の等価変換を施す。これに掛かる演算は次式のようになる。

$$\frac{Y}{R} = \frac{\dfrac{G_1 G_2}{1 + G_2}}{1 + \dfrac{G_1 G_2}{1 + G_2} \cdot \dfrac{1}{G_2}} = \frac{G_1 G_2}{1 + G_1 + G_2} \tag{4.9}$$

R から Y までを一つのブロック線図に等価変換した結果を**図 4.5** に示す。

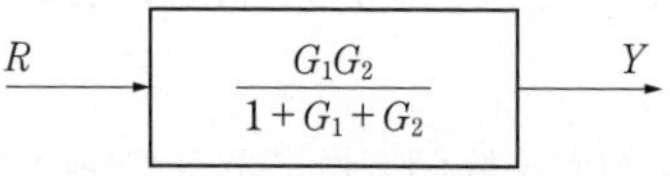

$$R \longrightarrow \boxed{\dfrac{G_1 G_2}{1 + G_1 + G_2}} \longrightarrow Y$$

図 **4.5**　等価変換後のブロック線図

【**例題 4.1**】　抵抗とコイルが直列に接続されている**図 4.6** に示す電気回路において，$v_i(t)$〔V〕を入力信号，$v_o(t)$〔V〕を出力信号としたときのブロック線図を求めよ。その後，等価変換によって一つのブロックに簡単化してみよう。

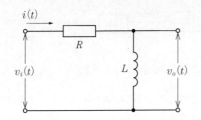

図 4.6 *RL* 直列回路

【解】抵抗値が $R[\Omega]$ である抵抗の両端の電圧を $v_R(t)$ とすると，次式が成り立つ。

$$v_i(t) = v_R(t) + v_o(t) \tag{4.10}$$

$$v_R(t) = Ri(t) \tag{4.11}$$

また，インダクタンスが $L[\mathrm{H}]$ のコイルでは電磁誘導現象によって次式が成り立つ。

$$v_o(t) = L\frac{di(t)}{dt} \tag{4.12}$$

式(4.10)〜(4.12)をラプラス変換しよう。初期条件として $i(0) = 0$ とすれば

$$V_i(s) = V_R(s) + V_o(s) \tag{4.13}$$

$$V_R(s) = RI(s) \tag{4.14}$$

$$V_o(s) = LsI(s) \tag{4.15}$$

となる。ここで，$V_i(s)$，$V_R(s)$，$V_o(s)$，$I(s)$ は，それぞれ $v_i(t)$，$v_R(t)$，$v_o(t)$，$i(t)$ のラプラス変換である。式(4.13)を

$$V_R(s) = V_i(s) - V_o(s) \tag{4.16}$$

に変形して，式(4.16)をブロック線図で表すと**図 4.7** のようになる。

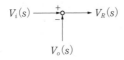

図 4.7   式(4.16)のブロック線図

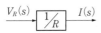

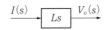

図 4.8   式(4.14)のブロック線図   **図 4.9**   式(4.15)のブロック線図

また，式(4.14)と式(4.15)はそれぞれ**図 4.8**，**図 4.9** となる。

図 4.7〜4.9 のブロック線図をつなぐことで，入力信号を $V_i(s)$，出力信号を $V_o(s)$ とするブロック線図は**図 4.10** に示すようになる。

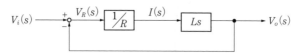

図 4.10　*RL* 直列回路のブロック線図

　図4.10に示すブロック線図に，直列結合の等価変換とフィードバック結合の等価変換を適用すると，次式のように計算できる。

$$\frac{V_o(s)}{V_i(s)} = \frac{\dfrac{Ls}{R}}{1+\dfrac{Ls}{R}} = \frac{Ls}{R+Ls} \tag{4.17}$$

したがって，**図 4.11** となる。

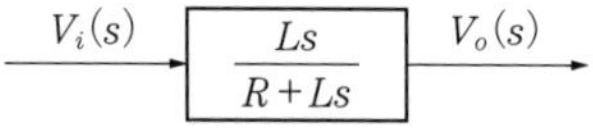

$$V_i(s) \longrightarrow \boxed{\dfrac{Ls}{R+Ls}} \longrightarrow V_o(s)$$

図 4.11　等価変換後のブロック線図

▲

ま　と　め

　例題 4.1 の回路図 4.6 をもとにして，入力信号と出力信号をそれぞれ $v_i(t)$，$v_o(t)$ としてブロック線図で表したのが図 4.10 である。この図から，電圧と電流の関係，および信号伝達の様子がよくわかる。いったんブロック線図ができあがれば，入力信号と出力信号を他の物理量に変更する場合はこのブロック線図を変形することで簡単に求めることができる。

　4.2 節の最初に示したように，目的を明確に設定してから適切な等価変換を行えば，ブロック線図は多くの有益な情報をわれわれに与えてくれる便利な道具となる。

章　末　問　題

【4.1】　図 4.12 に示すように 2 個のタンクが直列に接続されている水位システムがある。それぞれのタンクの断面積を C_1, C_2, 流路抵抗を R_1, R_2 とする。給水量 $q_1(t)$ を入力，流出量 $q_3(t)$ を出力としてこのシステムのブロック線図を導出せよ。ただし，タンクからの流出量は水位に比例し，流路抵抗に反比例すると仮定する。

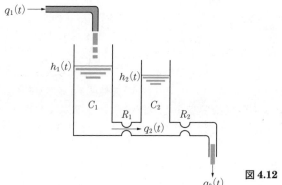

図 4.12　水位システム

【4.2】　問題 4.1 で得たブロック線図を等価変換によって一つのブロックにせよ。

【4.3】　図 4.13 は，抵抗とコンデンサによる電気回路である。入力信号を $v_i(t)$，出力信号を $v_o(t)$ としたときの，このシステムのブロック線図を求めよ。

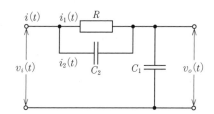

図 4.13　RC 直並列回路

【4.4】　問題 4.3 で得たブロック線図を等価変換によって一つのブロックにせよ。

5 章

周 波 数 応 答

は じ め に

入力信号と出力信号間に線形性を有するシステムを線形システムという。線形システムにおいては，入力信号の振幅が2倍の大きさになれば出力信号の振幅も2倍の大きさになる。しかしながら，入力信号が正弦波であるときは，振幅が一定のままで角周波数を変えると出力信号の振幅が変化する。出力信号の振幅が何倍に変わるかは角周波数の関数となっており，そのシステム固有の関数である。

角周波数をパラメータとしてシステムの特性を表現したものを周波数応答という。

5.1　周波数応答とは

図 5.1 に示すように，**線形システム**（linear system）の入力信号として次式の正弦波を用いる。

$$u(t) = A \sin \omega t \tag{5.1}$$

時間が十分に経過して**定常状態**（steady state）になったときの入力信号 $u(t)$ と出力信号 $y(t)$ の関係を**周波数応答**（frequency response）と呼び，これを**角周波数**（angular frequency）ω の関数として表現することを試みる。**図 5.2** に，

$$u(t) = A \sin \omega t \longrightarrow \boxed{\text{線形システム}} \xrightarrow{\;y(t)\;}$$

図 5.1　正弦波の入力信号を使う

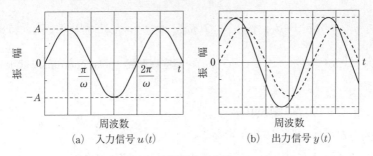

(a)　入力信号 $u(t)$　　　　　　(b)　出力信号 $y(t)$

図5.2　周波数応答を調べる

振幅（amplitude）と**位相**（phase）が変化した様子を示す。

線形システムを次式の伝達関数で表す。

$$G(s) = \frac{1}{(s-p_1)(s-p_2)\cdots(s-p_n)} \tag{5.2}$$

ここで，n 個の**極**（pole）p_i $(i=1, 2, \cdots, n)$ は，相異なる**安定な極**（stable pole）であるとする。式(5.1)のラプラス変換は

$$U(s) = \frac{A\omega}{s^2 + \omega^2} \tag{5.3}$$

であるから，出力信号 $y(t)$ のラプラス変換 $Y(s)$ は，次式のようになる。

$$Y(s) = G(s)U(s) = \sum_{i=1}^{n} \frac{c_i}{s-p_i} + \frac{d_1}{s-j\omega} + \frac{d_2}{s+j\omega} \tag{5.4}$$

ただし，各係数はヘビサイドの展開定理から求められ

$$c_i = \frac{G(s)A\omega(s-p_i)}{(s-j\omega)(s+j\omega)}\bigg|_{s=p_i}, \quad i=1, 2, \cdots, n \tag{5.5}$$

$$d_1 = \frac{G(s)A\omega}{(s+j\omega)}\bigg|_{s=j\omega}, \quad d_2 = \frac{G(s)A\omega}{(s-j\omega)}\bigg|_{s=-j\omega} \tag{5.6}$$

である。式(5.4)を逆ラプラス変換して時間応答を得る。

$$y(t) = \sum_{i=1}^{n} c_i e^{p_i t} + d_1 e^{j\omega t} + d_2 e^{-j\omega t} \tag{5.7}$$

p_i は安定極と仮定したので，$t \to \infty$ のとき $e^{p_i t} \to 0$ であり，定常応答 $y_s(t)$ は

$$y_s(t) = d_1 e^{j\omega t} + d_2 e^{-j\omega t} = \frac{A}{2j}\{G(j\omega)e^{j\omega t} - G(-j\omega)e^{-j\omega t}\} \tag{5.8}$$

と表すことができる。ここで，$G(j\omega)$ を**極座標形式**（polar coordinate style）で表して

$$y_s(t) = |G(j\omega)| A \sin(\omega t + \theta) \tag{5.9}$$

を得る。ただし，$\theta = \angle G(j\omega)$ である。

式(5.1)の入力信号と比べると定常出力信号は，振幅が $|G(j\omega)|$ 倍，位相が $\theta = \angle G(j\omega)$ 進む。この関係を**図 5.3** に示す。

図 5.3 正弦波入力に対する出力信号の変化

今後，**振幅比**（amplitude ratio）$|G(j\omega)|$ を**ゲイン**（gain）と呼ぶことにする。

さらに詳しく

以下において，式(5.8)から式(5.9)を導こう。複素数を表現する二つの形式を**図 5.4** に示す。

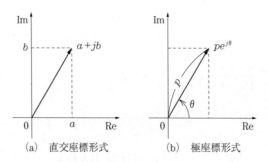

    (a) 直交座標形式   (b) 極座標形式

図 5.4 複素数の表現形式

極座標形式で $G(j\omega)$ を表すと

$$G(j\omega) = |G(j\omega)| e^{j\theta}, \quad \theta = \angle G(j\omega) \tag{5.10}$$

である。$G(-j\omega)$ は $G(j\omega)$ の**共役複素数** (conjugate complex) なので

$$G(-j\omega) = |G(-j\omega)|\, e^{-j\theta} = |G(j\omega)|\, e^{-j\theta} \tag{5.11}$$

となる。したがって，式(5.8)は

$$y_s(t) = \frac{|G(j\omega)|\, A}{2j} \{ e^{j(\omega t + \theta)} - e^{-j(\omega t + \theta)} \} \tag{5.12}$$

のように表すことができる。ここで，**図 5.5** に示す**オイラーの公式** (Euler's formula) を使って，式(5.9)となる。

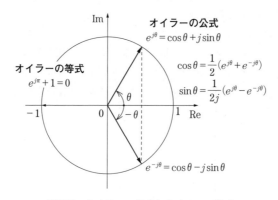

図 5.5 オイラーの公式とオイラーの等式

システムの周波数応答は，図 5.3 に示すように，ω の関数であるゲイン $|G(j\omega)|$ と位相 $\angle G(j\omega)$ で表現する。ここで，$G(j\omega)$ を**周波数伝達関数** (frequency transfer function) という。正弦波入力に対する定常出力を測定することにより，周波数伝達関数のゲインと位相を知ることができる。

5.2 ベクトル軌跡

本節では，周波数伝達関数 $G(j\omega)$ を図的に表現することを試みる。$G(j\omega)$ は複素数であるから，直交座標系の横軸を実部，縦軸を虚部にとる**複素平面** (complex plane) を用いる。角周波数 ω をゼロから正の無限大まで変化させた

ときに，$G(j\omega)$ をベクトルととらえ，その先端が描く軌跡を**ベクトル軌跡**（vector locus）という。

【例題 5.1】　**微分要素**（differentiating element, derivative element）のベクトル軌跡を作成してみよう。

【解】伝達関数は

$$G(s) = T_D s \tag{5.13}$$

である。ここで，正の定数 T_D を**微分時間**（derivative time）と呼ぶ。式(5.13)に $s = j\omega$ を代入して周波数伝達関数

$$G(j\omega) = jT_D\omega \tag{5.14}$$

を得る。$T_D > 0$，$\omega \geqq 0$ なので，式(5.14)は純虚数となる。**図 5.6** に微分要素のベクトル軌跡を示す。虚部がゼロから単純増加していく様子がうかがえる。

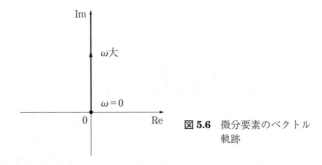

図 5.6　微分要素のベクトル軌跡

▲

【例題 5.2】　**積分要素**（integrator element）のベクトル軌跡を作成してみよう。

【解】伝達関数は

$$G(s) = \frac{1}{T_I s} \tag{5.15}$$

である。ここで正の定数 T_I を**積分時間**（integral time）と呼ぶ。式(5.15)に $s = j\omega$ を代入して周波数伝達関数

$$G(j\omega) = \frac{1}{jT_I\omega} = -j\frac{1}{T_I\omega} \tag{5.16}$$

を得る。式(5.16)は，虚部が負の純虚数である。**図 5.7** に積分要素のベクトル軌跡を示す。ω が無限大のときに原点に収束する。

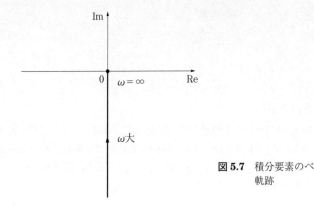

図 5.7 積分要素のベクトル
軌跡

▲

【例題 5.3】 一次遅れ要素のベクトル軌跡を描いてみよう。

【解】 伝達関数は

$$G(s) = \frac{1}{1+Ts} \tag{5.17}$$

である。ここで正の定数 T を**時定数**（time constant）と呼ぶ。式(5.17)に $s = j\omega$ を代入して周波数伝達関数

$$G(j\omega) = \frac{1}{1+jT\omega} = \frac{1-jT\omega}{1+(T\omega)^2} = \frac{1}{1+(T\omega)^2} - j\frac{T\omega}{1+(T\omega)^2} \tag{5.18}$$

を得る。式(5.18)の実部を p，虚部を q とおいて，複素平面においてどのような軌跡になりそうかを調べよう。

$$p = \frac{1}{1+(T\omega)^2} \tag{5.19}$$

$$q = -\frac{T\omega}{1+(T\omega)^2} \tag{5.20}$$

上の二つの式(5.19)と式(5.20)から，$T\omega$ を消去して，p と q の関係式を導く。両式を辺々どうし割ることで

$$\frac{q}{p} = -T\omega \tag{5.21}$$

を得るので，式(5.21)を式(5.19)に代入する。

$$p = \frac{1}{1+(T\omega)^2} = \frac{1}{1+\frac{q^2}{p^2}} = \frac{p^2}{p^2+q^2} \tag{5.22}$$

式(5.22)は

$$p^2 + q^2 = p \tag{5.23}$$

であるから

$$\left(p - \frac{1}{2}\right)^2 + q^2 = \left(\frac{1}{2}\right)^2 \tag{5.24}$$

のように表すことができる。

式(5.24)は，中心が $1/2 + j0$，半径が $1/2$ の円を表す方程式である。まず，式(5.18)から，$\omega = 0$ のときに $G(j\omega)$ は $1 + j0$，$\omega = +\infty$ のときにゼロであることがわかる。また，式(5.19)と式(5.20)から，$\omega > 0$ のとき，$p > 0$，$q < 0$ である。図 5.8 に一次遅れ要素のベクトル軌跡を示す。

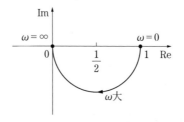

図 5.8　一次遅れ要素のベクトル軌跡

▲

さらに詳しく

二次遅れ要素の**標準形**（canonical form）は

$$G(s) = \frac{\omega_n^2}{s^2 + 2\zeta\omega_n s + \omega_n^2} \tag{5.25}$$

で与えられる。ここで，$\omega_n > 0$ を**固有角周波数**（natural angular frequency），$\zeta \geqq 0$ を**減衰係数**（attenuation coefficient）という。周波数伝達関数は

$$G(j\omega) = \frac{\omega_n^2}{(j\omega)^2 + 2\zeta\omega_n(j\omega) + \omega_n^2} \tag{5.26}$$

となるから，$\omega = 0$ のときに $G(j\omega)$ は $1 + j0$，$\omega = +\infty$ のときにゼロであることがすぐにわかる。手計算ではこれ以上の情報を得ることは難しい。$\omega_n = 1.0$，$\zeta = 0.5$，0.8，1.2 とおいて，コンピュータを使って作図したのが**図 5.9** である。

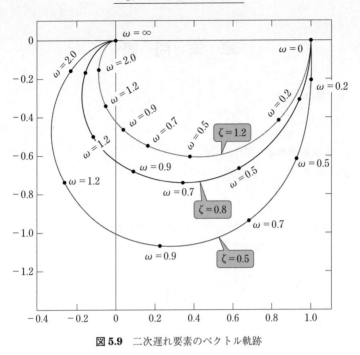

図 5.9　二次遅れ要素のベクトル軌跡

ま　と　め

　線形システムの入力信号として正弦波を用い，時間が十分に経過して定常状態になったとき，出力信号は入力信号と同じ角周波数の正弦波となる。このときの入出力の関係を周波数応答と呼び，振幅比と位相差を使って表す。解析の結果，振幅が $|G(j\omega)|$ 倍に，位相は $\angle G(j\omega)$ 進み，どちらも角周波数 ω の関数であることがわかった。

　伝達関数 $G(s)$ の s を $j\omega$ に置き換えた $G(j\omega)$ を周波数伝達関数という。周波数応答を議論するときに必ず周波数伝達関数を用いることから，周波数応答と周波数伝達関数を区別しないで使うことが多い。

章 末 問 題

【5.1】 周波数伝達関数

$$G(j\omega) = \frac{10}{j\omega(j\omega+1)(j\omega+2)} \tag{5.27}$$

のベクトル軌跡の概形を描け。

【5.2】 伝達関数が次式で与えられている。

$$G(s) = \frac{6}{s(s^2+2s+4)} \tag{5.28}$$

このシステムの周波数応答のベクトル軌跡は**図 5.10** のようになる。

位相が $-135°$ となる角周波数 ω_0〔rad/s〕を求めよ。また，この ω_0 におけるゲイン $|G(j\omega_0)|$ を求めよ。

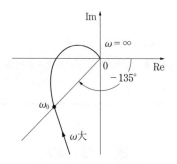

図 5.10　ベクトル軌跡

6章

ボ ー ド 線 図

は じ め に

5章で学んだベクトル軌跡は，周波数伝達関数 $G(j\omega)$ の大きさと位相をベクトルで表現する方法であった。角周波数 ω の値に応じて変化するベクトルの先端の軌跡を1本の線で表すので，線上にときどき ω の値を書いておく必要があった。この不便を解消したのが，ボード線図である。

6.1 ボード線図とは

ボード線図（Bode diagram）は，ベクトル軌跡では陰に隠れてしまっていた角周波数 ω を表舞台に引き出す表現法であり，これによって使い勝手が格段によくなった。横軸に 10 を底とする ω の対数を目盛として，ゲインと位相を別々に描く。2本あるので，それぞれを**ゲイン特性曲線**（gain characteristic curve），**位相特性曲線**（phase characteristic curve）と呼んで区別する。

ゲインを

$$g(\omega) = 20 \log_{10} |G(j\omega)| \tag{6.1}$$

で定義し，その単位〔dB〕は**デシベル**（decibel）と読む。位相の単位は〔rad〕と〔deg〕のどちらでもかまわない。

二つの周波数伝達関数 $G_1(j\omega)$，$G_2(j\omega)$ の積を $G_3(j\omega)$ とおいて，ゲインと位相それぞれにどのような関係があるかを調べよう。

$$G_1(j\omega) = |G_1(j\omega)| e^{j\theta_1}, \quad \theta_1 = \angle G_1(j\omega) \tag{6.2}$$

$$G_2(j\omega) = |G_2(j\omega)| e^{j\theta_2}, \quad \theta_2 = \angle G_2(j\omega) \tag{6.3}$$

と表すことができるので，これらの積 $G_3(j\omega) = G_1(j\omega)G_2(j\omega)$ は次式のようになる。

$$G_3(j\omega) = |G_1(j\omega)| e^{j\theta_1} |G_2(j\omega)| e^{j\theta_2} = |G_1(j\omega)||G_2(j\omega)| e^{j(\theta_1 + \theta_2)} \tag{6.4}$$

定義式(6.1)から，$G_3(j\omega)$ のゲイン $g_3(\omega)$ は

$$g_3(\omega) = 20 \log_{10} |G_1(j\omega)||G_2(j\omega)|$$
$$= 20 \log_{10} |G_1(j\omega)| + 20 \log_{10} |G_2(j\omega)| = g_1(\omega) + g_2(\omega) \tag{6.5}$$

となる。このことは，ゲイン特性曲線 $g_1(\omega)$ と $g_2(\omega)$ を別々に作図したあとで，両者を図面上で加え合わせるとゲイン特性曲線 $g_3(\omega)$ になることを意味しており，ボード線図を作成するうえで非常に便利な性質である。

また，$G_3(j\omega)$ の位相 $\theta_3(\omega)$ は，式(6.4)から

$$\theta_3(\omega) = \theta_1(\omega) + \theta_2(\omega) \tag{6.6}$$

であり，位相についても同様な性質が成り立っていることが確認できる。なお，ゲインと位相は角周波数 ω の関数であるが，煩雑さを避けるために (ω) を省略して，例えば，$g_3(\omega)$，$\theta_3(\omega)$ を g_3，θ_3 と表すことが多い。

(さらに詳しく) ━━━━━━━━━━━━━━━━━━━━━━━

二つの周波数伝達関数の商 $G_1(j\omega)/G_2(j\omega)$ を $G_3(j\omega)$ とすると

$$G_3(j\omega) = \frac{|G_1(j\omega)| e^{j\theta_1}}{|G_2(j\omega)| e^{j\theta_2}} = \frac{|G_1(j\omega)|}{|G_2(j\omega)|} e^{j(\theta_1 - \theta_2)} \tag{6.7}$$

であるから

$$g_3 = g_1 - g_2 \tag{6.8}$$
$$\theta_3 = \theta_1 - \theta_2 \tag{6.9}$$

が成り立つ。

ここで，式(6.7)において，$G_1(j\omega) = 1$ とおいてみよう。$G_1(j\omega)$ のゲインと位相は

$$g_1 = 20 \log_{10} 1 = 0 \tag{6.10}$$
$$\theta_1 = 0 \tag{6.11}$$

であるから

$$G_3(j\omega) = \frac{1}{G_2(j\omega)} \tag{6.12}$$

$$g_3 = -g_2 \tag{6.13}$$

$$\theta_3 = -\theta_2 \tag{6.14}$$

が成立する。すなわち，周波数伝達関数 $1/G(j\omega)$ のボード線図は，周波数伝達関数 $G(j\omega)$ のボード線図と横軸に関して対称となる。

6.2 基本要素のボード線図

　複雑な周波数伝達関数のボード線図を作成する場合，まずは基本要素の積や商に分解して，それぞれの基本要素のボード線図を描いたあとに，図面上で足したり引いたりすればよいということを 6.1 節で学んだ。本節では，基本要素のボード線図をまとめる。

【**例題 6.1**】　**比例要素**（proportional element）のボード線図を作成してみよう。
【**解**】比例要素は角周波数 ω に関係なく定数である。

$$G(j\omega) = K \tag{6.15}$$

　K に正という条件を付けると，位相はゼロとなり，**図 6.1** を得る。

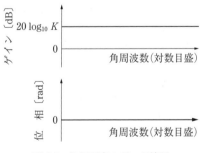

図 6.1　比例要素のボード線図

【例題 6.2】　微分要素のボード線図を作成してみよう。

【解】 周波数伝達関数は

$$G(j\omega) = jT_D\omega = T_D\omega e^{j\frac{\pi}{2}} \tag{6.16}$$

であり，定数 $T_D > 0$ を**微分時間**（differential time）という。ゲインと位相は次式のようになる。

$$g(\omega) = 20 \log_{10} T_D + 20 \log_{10} \omega \quad \text{〔dB〕} \tag{6.17}$$

$$\theta = \frac{\pi}{2} \quad \text{〔rad〕} \tag{6.18}$$

以下において，どのようなゲイン特性曲線になるかを考える。式(6.17)中の T_D は定数，ω は変数である。ω の増加に伴ってゲインは $20 \log_{10} \omega$ で増加する。横軸，縦軸とも対数関数表現なので，ゲイン特性曲線は直線となる。

いま，角周波数がある値 ω_0 から 10 倍になったとすると，次式が成り立つ。

$$g(\omega_0) = 20 \log_{10} T_D + 20 \log_{10} \omega_0 \tag{6.19}$$

$$g(\omega_0 \times 10) = 20 \log_{10} T_D + 20 \log_{10} \omega_0 + 20 \log_{10} 10$$

$$= g(\omega_0) + 20 \tag{6.20}$$

式(6.20)は，ω が 10 倍増加するごとに 20 dB 増加する一定の傾きをもつことを意味する。これを 20 dB/dec で表す。

また，横軸との切片は，式(6.17)に $g(\omega) = 0$ を代入することで求められる。

$$0 = 20 \log_{10} T_D + 20 \log_{10} \omega = 20 \log_{10} T_D\omega \tag{6.21}$$

式(6.21)から

$$T_D\omega = 1 \tag{6.22}$$

となり，$\omega = 1/T_D$ が求められる。

微分要素のボード線図を**図 6.2** に示す。

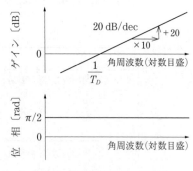

図 6.2　微分要素のボード線図

【例題 6.3】 積分要素のボード線図を作成してみよう。

【解】 周波数伝達関数は次式で表され，定数 $T_I > 0$ を**積分時間**（Integral time）という。

$$G(j\omega) = \frac{1}{jT_I\omega} \tag{6.23}$$

式(6.23)は微分要素の逆数であるから，図6.2の横軸を対称軸として移して作図することで**図6.3**になる。

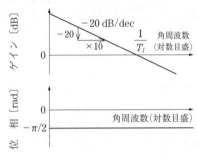

図6.3 積分要素のボード線図

▲

【例題 6.4】 一次遅れ要素のボード線図を作成してみよう。

【解】 周波数伝達関数は

$$G(j\omega) = \frac{1}{1 + jT\omega} \tag{6.24}$$

であり，定数 $T > 0$ を**時定数**（time constant）という。

① $T\omega \ll 1$ のときは，$G(j\omega) \approx 1$ なので，比例要素の $K = 1$ に相当する。

② $T\omega \gg 1$ のときは，$G(j\omega) \approx 1/jT\omega$ となり，積分要素である。

比例要素，積分要素のゲイン特性曲線と位相特性曲線は直線であって，それらは一次遅れ要素の漸近線となる。

ゲイン特性曲線は，上記①，②の漸近線を $T\omega \approx 1$ の帯域まで延長してつなげ，これを折れ線近似として用いている。**図6.4**にその様子を示す。

位相特性曲線は，3本の直線で近似することとし，そのうちの2本は，上記①，②の漸近線を使う。残りの1本は変曲点で接線を引くことで定義する。

ゲイン特性曲線における折れ線近似との最大誤差は $\omega = 1/T$ のときの 3.01 dB，位相特性曲線における最大誤差は $\omega = 1/(5T)$ と $\omega = 5/T$ のときであって，0.063π〔rad〕である。

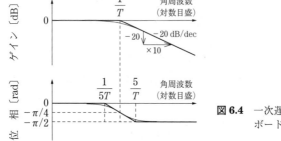

図 6.4 一次遅れ要素の
ボード線図

▲

さらに詳しく ●━━━━━━━━━━━━━━━━━━━━━━━━

一次遅れ要素の折れ線近似との最大誤差を計算しよう。

$\omega = 1/T$ のときのゲインは

$$g = 20 \log_{10} \left| \frac{1}{1+j} \right| = -20 \log_{10} \sqrt{1+1} = -10 \log_{10} 2 = -3.01 \tag{6.25}$$

となるから，最大誤差は 3.01 dB である。

位相は

$$\theta = \angle \frac{1}{1+jT\omega} = -\tan^{-1} T\omega \tag{6.26}$$

で求められる。

$\omega = 1/5T$ のときの位相は

$$\theta = -\tan^{-1} \frac{1}{5} = -0.063\pi \ \ [\text{rad}] = -11.3 \ \ [\text{deg}] \tag{6.27}$$

$\omega = 5/T$ のときの位相は

$$\theta = -\tan^{-1} 5 = -\frac{\pi}{2} + 0.063\pi \ \ [\text{rad}] = -90 + 11.3 \ \ [\text{deg}] \tag{6.28}$$

となるので，最大誤差は 0.063π[rad] または 11.3 deg である。

●━━━━━━━━━━━━━━━━━━━━━━━━●

6.3　二次遅れ要素のボード線図

一次遅れ要素の伝達関数 $1/(1+Ts)$ が直列結合して二次遅れ要素を構成している場合，その周波数伝達関数は

$$\frac{1}{(1+jT\omega)} \times \frac{1}{(1+jT\omega)}$$

である。

一次遅れ要素どうしのボード線図を図面上で足し合わせるので

①　$T\omega \ll 1$ のとき，ゲインは $0\,\mathrm{dB}$，位相は $0\,\mathrm{rad}$

②　$T\omega \gg 1$ のとき，ゲインは $-40\,\mathrm{dB/dec}$，位相は $-\pi\,[\mathrm{rad}]$

であることはすぐにわかり，これらの直線はゲイン特性曲線と位相特性曲線の漸近線になっている。

ここで，二次遅れ要素の標準形

$$G(s) = \frac{\omega_n{}^2}{s^2 + 2\zeta\omega_n s + \omega_n{}^2} \tag{5.25 再掲}$$

を導入しよう。ただし，$\omega_n > 0$ を固有角周波数，$\zeta \geqq 0$ を減衰係数という。式 (5.25) で表される標準形も上記 ① および ② が成り立っているものの，漸近線が交差するあたりでは，ζ の値によって大きく異なる。そこで，周波数伝達関数 $G(j\omega)$ を次式のように変形する。

$$\begin{aligned}
G(j\omega) &= \frac{\omega_n{}^2}{(j\omega)^2 + 2\zeta\omega_n(j\omega) + \omega_n{}^2} = \frac{\omega_n{}^2}{-\omega^2 + \omega_n{}^2 + j2\zeta\omega_n\omega} \\
&= \frac{1}{1 - \left(\dfrac{\omega}{\omega_n}\right)^2 + j2\zeta\left(\dfrac{\omega}{\omega_n}\right)}
\end{aligned} \tag{6.29}$$

ボード線図を作成するにあたり，式 (6.29) に示す ω/ω_n を横軸にとることで一般性を失わないように配慮できる。二次遅れ要素のボード線図を**図 6.5** に示す。

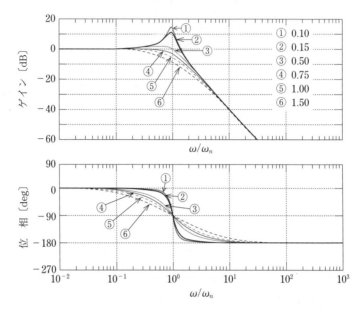

図 6.5　二次遅れ要素のボード線図

(さらに詳しく) ━━━━━━━━━━━━━━━━━━━━━━━━

　図 6.5 をみると，$\omega/\omega_n = 1$（10^0）付近でゲイン特性曲線は最大値をとっている。$0 < \zeta < \sqrt{2}/2 = 0.707\,1$ の条件において，ゲイン特性曲線の最大値を ζ の関数で表そう。$|G(j\omega)|$ の最大値を**共振値**（resonance peak value）M_p，そのときの ω を**共振角周波数**（resonance angular frequency）ω_p という。

　式(6.29)から

$$|G(j\omega)| = \frac{1}{\sqrt{\left\{1 - \left(\dfrac{\omega}{\omega_n}\right)^2\right\}^2 + \left\{2\zeta\left(\dfrac{\omega}{\omega_n}\right)\right\}^2}} = \frac{1}{\sqrt{(1-x)^2 + 4\zeta^2 x}} \qquad (6.30)$$

となる。ここで

$$x \triangleq \left(\frac{\omega}{\omega_n}\right)^2 \qquad (6.31)$$

とした。式(6.30)の $\sqrt{\ }$ の中を $f(x)$ とおいて，$f(x)$ の最小値を求める。$f(x)$ は次

式のように変形することができる。

$$f(x) = (1-x)^2 + 4\zeta^2 x = (x + 2\zeta^2 - 1)^2 + 4\zeta^2 - 4\zeta^4 \tag{6.32}$$

$0 < \zeta < \sqrt{2}/2$ なので，式(6.32)は $x = 1 - 2\zeta^2$ のとき最小値 $4\zeta^2 - 4\zeta^4$ をとる。したがって，式(6.30)から，$|G(j\omega)|$ の最大値である共振値 M_p は次式となる。

$$M_p = \frac{1}{\sqrt{4\zeta^2 - 4\zeta^4}} = \frac{1}{2\zeta\sqrt{1 - \zeta^2}} \tag{6.33}$$

また，共振角周波数 ω_p は

$$\left(\frac{\omega_p}{\omega_n}\right)^2 = 1 - 2\zeta^2 \tag{6.34}$$

から，次式のように求められる。

$$\omega_p = \omega_n\sqrt{1 - 2\zeta^2} \tag{6.35}$$

減衰係数 ζ の範囲を $0 < \zeta < \sqrt{2}/2 = 0.707\,1$ に限定したので，式(6.33)と式(6.35)で計算される M_p と ω_p は正の実数となることが保証される。

6.4　ボード線図を折れ線近似を使って手で描こう

6.1節から6.3節で習得した知識を活用して，ボード線図を折れ線近似で作図しよう。まずは，一次遅れ要素を二つ直列結合した二次遅れ要素

$$G(s) = \frac{1}{(1 + 2s)(1 + s)} \tag{6.36}$$

である。**図 6.6** に目盛を用意した。

一次遅れ要素の折れ線近似は図6.4に示されており，折れ点の角周波数を計算さえすれば，あとは簡単に作図できる。

$$G(s) = \frac{1}{1 + T_1 s} \cdot \frac{1}{1 + T_2 s} \tag{6.37}$$

とおくと，次式のように計算される。

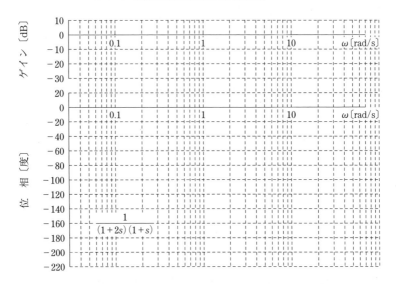

図 6.6 $G(s) = \dfrac{1}{(1+2s)(1+s)}$ のための目盛

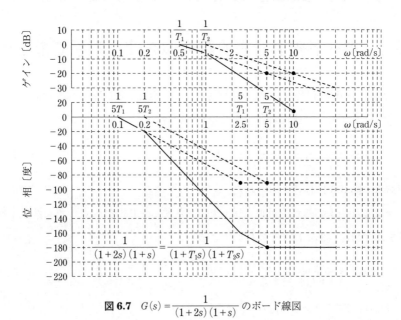

図 6.7 $G(s) = \dfrac{1}{(1+2s)(1+s)}$ のボード線図

$$T_1 = 2.0, \quad \frac{1}{T_1} = 0.5, \quad \frac{1}{5T_1} = 0.1, \quad \frac{5}{T_1} = 2.5 \tag{6.38}$$

$$T_2 = 1.0, \quad \frac{1}{T_2} = 1.0, \quad \frac{1}{5T_2} = 0.2, \quad \frac{5}{T_2} = 5.0 \tag{6.39}$$

一次遅れ要素のボード線図を二つ作図したのち,両者を図面上で足し合わせることで完成する。その結果を**図 6.7** に示す。

片対数グラフにおいては,対数目盛を読むのに細心の注意を払わなくてはならない。図 6.7 において,重要な点を ● 印で示した。

つぎの伝達関数は,分母と分子それぞれが一次遅れ要素である。

$$G(s) = \frac{\sqrt{10}\,(1 + 10s)}{1 + 2s} \tag{6.40}$$

図 6.8 に目盛を用意した。

与えられた伝達関数を三つの簡単な要素に分割する。

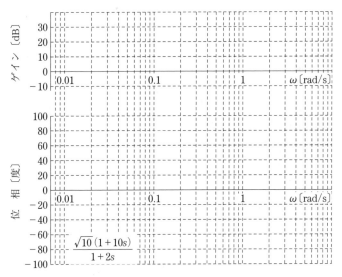

図 6.8 $G(s) = \dfrac{\sqrt{10}\,(1 + 10s)}{1 + 2s}$ のための目盛

$$G(s) = \sqrt{10} \cdot \frac{1 + T_1 s}{1} \cdot \frac{1}{1 + T_2 s} \tag{6.41}$$

右辺の一つ目は，比例要素である。位相はゼロで，ゲインは次式となる。

$$20 \log_{10} \sqrt{10} = 20 \log_{10} 10^{\frac{1}{2}} = 10 \quad \text{(dB)} \tag{6.42}$$

二つ目は，一次遅れ要素の逆数であるので，横軸対称に反転させる必要がある。

$$T_1 = 10, \quad \frac{1}{T_1} = 0.1, \quad \frac{1}{5T_1} = 0.02, \quad \frac{5}{T_1} = 0.5 \tag{6.43}$$

$$T_2 = 2.0, \quad \frac{1}{T_2} = 0.5, \quad \frac{1}{5T_2} = 0.1, \quad \frac{5}{T_2} = 2.5 \tag{6.44}$$

　三つの要素のボード線図をそれぞれ作成してから，それらを図面上で足し合わせることで完成する。結果を**図 6.9** に示す。

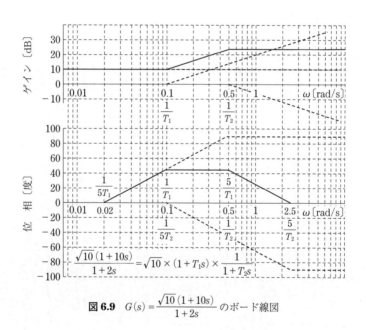

図 6.9　$G(s) = \dfrac{\sqrt{10}\,(1 + 10s)}{1 + 2s}$ のボード線図

ま と め

　横軸は対数目盛 $\log_{10}\omega$ とする。横軸の目盛をそろえておいて，ゲイン特性曲線と位相特性曲線を一組として線図化することで，周波数応答を表現したものが，ボード線図である。これによって，注目する角周波数のゲインと位相を一目で把握することが容易となった。また，ゲインを $g = 20\log_{10}|G(j\omega)|$ と定義し直したため，図面上での加減操作によって複雑なボード線図を作成することができるようになった。さらには，折れ線近似を有効に使うことができることも，ボード線図の実用性向上に貢献しているといえる。

章 末 問 題

【6.1】　6.3 節では，二次遅れ要素の標準形に対し，減衰係数 ζ の範囲を $0 < \zeta < \sqrt{2}/2 = 0.7071$ として，ゲイン $|G(j\omega)|$ の最大値である共振値 $M_p = 1/2\zeta\sqrt{1-\zeta^2}$ と，それを与える共振角周波数 $\omega_p = \omega_n\sqrt{1-2\zeta^2}$ を導出した。減衰係数 $\zeta = 0.1$，0.15，0.5 のそれぞれにおいて ω_p/ω_n と M_p を求め，図 6.5 で確認せよ。

【6.2】　つぎの伝達関数のボード線図の概形を折れ線近似で描け。

$$G(s) = \frac{s+10}{10s+1} \tag{6.45}$$

【6.3】　つぎの伝達関数のボード線図の概形を折れ線近似で描け。

$$G(s) = \frac{10s+1}{s(s+10)} \tag{6.46}$$

7章

過渡特性と安定性

は　じ　め　に

　前章までに，制御対象を伝達関数で表現する意義と周波数応答の導入，およびその図的表現手法を解説した。これらは，古典制御を学ぶために最低限必要な基礎的事項であり，本書の後半において学ぶ，解析と設計に必要となる共通言語である。

　本章では，時間応答を議論する。一次遅れ要素については，時定数の値を変えて時間応答がどのように変化するかを調べる。あわせて，極およびゲイン特性曲線も調べることで三者の関連性を体得する。二次遅れ要素については，標準形の減衰係数に着目して四つの場合に分けて議論する。最後に，複素平面上での極の位置と過渡応答および安定性との関係についてまとめる。

7.1　一次遅れ要素

　一次遅れ要素の伝達関数を

$$G(s) = \frac{1}{1 + Ts} \tag{7.1}$$

で表す。ここで，T は時定数である。以下において単位ステップ応答を計算しよう。単位ステップ関数のラプラス変換は $1/s$ であるから，出力信号 $y(t)$ のラプラス変換 $Y(s)$ は

$$Y(s) = G(s) \frac{1}{s} \tag{7.2}$$

で与えられる。式(7.2)に式(7.1)を代入したのち，部分分数の形に変形する。

$$Y(s) = \frac{1}{s(1+Ts)} = \frac{\dfrac{1}{T}}{s\left(s+\dfrac{1}{T}\right)} = \frac{1}{s} - \frac{1}{s+\dfrac{1}{T}} \tag{7.3}$$

式(7.3)を逆ラプラス変換することで出力信号の時間関数 $y(t)$ を得る。

$$y(t) = \mathcal{L}^{-1}\left[\frac{1}{s} - \frac{1}{s+\dfrac{1}{T}}\right] = 1 - e^{-\frac{1}{T}t} \tag{7.4}$$

式(7.4)から，時定数 T が正のとき $y(t)$ は収束することがわかる。時刻 T のときの出力信号 $y(T)$ は

$$y(T) = 1 - e^{-1} \simeq 0.632 \tag{7.5}$$

であり，定常値 $y(\infty)$ は

$$y(\infty) = \lim_{t\to\infty} y(t) = 1 - \lim_{t\to\infty} e^{-\frac{1}{T}t} = 1 \tag{7.6}$$

なので，時刻 T のときの出力信号は，最終値の 63.2 % であることがわかる。

つぎに，出力信号波形が立ち上がるときの傾きを調べよう。式(7.4)の時刻 0 における接線の傾きを計算する。

$$\left.\frac{dy(t)}{dt}\right|_{t=0} = 0 + \frac{1}{T}e^{-\frac{1}{T}t}\Big|_{t=0} = \frac{1}{T} \tag{7.7}$$

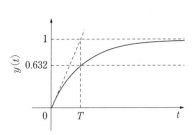

図 7.1 一次遅れ要素のステップ応答

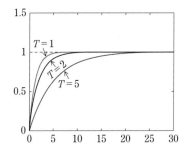

図 7.2 一次遅れ要素の時定数を変えたときのステップ応答

式(7.7)から，接線が最終値と交わる時刻が T であることがわかる。

　以上の考察から，一次遅れ要素の単位ステップ応答は**図 7.1** となる。

　時定数 T を変えたときのステップ応答を**図 7.2** に示す。

　時定数が大きくなるほど，立上りが緩やかになることが確認できる。

<big>さらに詳しく</big> ━━━━━━━━━━━━━━━━━━━━━━━━━━━

　一次遅れ要素の**特性方程式**（characteristic equation）は次式である。

$$1 + Ts = 0 \tag{7.8}$$

上式から，システムの**特性根**（characteristic root）は

$$\lambda = -\frac{1}{T} \tag{7.9}$$

で与えられる。これは，伝達関数の**極**とも呼ばれる。時定数を $T = 1, 2, 5$ と変えたときの極の位置を**図 7.3** に示す。時定数が大きくなるほど，虚軸に近づくことが確認できる。

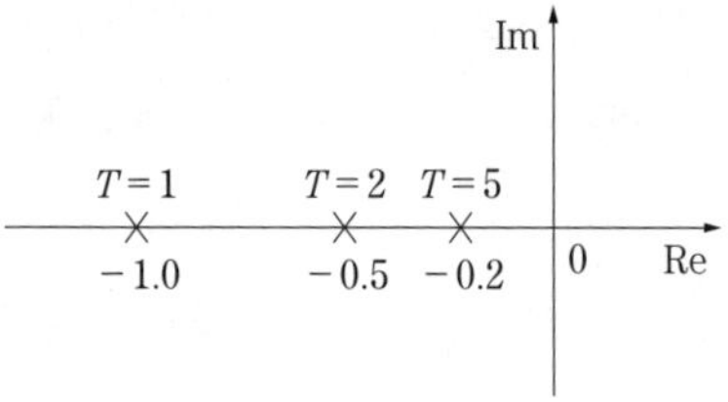

図 7.3 一次遅れ要素の時定数を変えたときの複素平面上の極の位置

　ボード線図ではどのようになるかを調べよう。**図 7.4** は，ゲイン特性曲線の折れ線近似である。折れ点の角周波数は $1/T$ であるから，時定数が大きくなるほど，**低周波領域**（low-frequency region）に移動することが確認できる。

　一次遅れ要素の時定数を変えたときの，極の位置，ステップ応答，そして

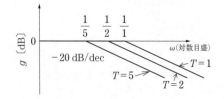

図 7.4 一次遅れ要素の時定数を変えたときのゲイン特性曲線の折れ線近似

ボード線図の関係を調べることで，これら三者は密接に関連していることがわかった。この関連性の知識は，解析や設計において見通しを立てる際に大いに役立つことからたいへん重要であるといえる。

7.2 二次遅れ要素

二次遅れ要素の伝達関数は，次式の標準形で表すことが多い。

$$G(s) = \frac{\omega_n^2}{s^2 + 2\zeta\omega_n s + \omega_n^2} \tag{7.10}$$

ここで，$\omega_n > 0$ を固有角周波数，$\zeta \geqq 0$ を減衰係数という。このシステムの特性方程式は**二次方程式**（quadratic equation）

$$s^2 + 2\zeta\omega_n s + \omega_n^2 = 0 \tag{7.11}$$

であり，その**判別式**（discriminant）D は次式で与えられる。

$$D = (2\zeta\omega_n)^2 - 4\omega_n^2 = 4\omega_n^2(\zeta^2 - 1) \tag{7.12}$$

判別式(7.12)に基づき，① $\zeta > 1$，② $\zeta = 1$，③ $0 < \zeta < 1$，④ $\zeta = 0$ の四つの場合に分けて考える。

① の場合（$\zeta > 1$）　　極は

$$\lambda_{1,2} = -\zeta\omega_n \pm \omega_n\sqrt{\zeta^2 - 1} \tag{7.13}$$

と求められるから，相異なる 2 実根である。

式(7.10)の定常ゲインが 1 であることを考慮すると伝達関数を

$$G(s) = \frac{1}{(1 + T_1 s)} \cdot \frac{1}{(1 + T_2 s)} \tag{7.14}$$

と書き直すことができる。式(7.14)は，7.1 節で習った一次遅れ要素が二つ直列結合したものであるから，**非振動システム**（non-oscillatory system）であることがわかる。

② の場合（$\zeta = 1$）　　式(7.14)において，$T_1 = T_2$ のときで，極は重根となる。

③ の場合（$0 < \zeta < 1$）　　極は共役複素数となる。

$$\lambda_{1,2} = -\zeta\omega_n \pm j\omega_n\sqrt{1-\zeta^2} \tag{7.15}$$

単位ステップ応答 $y(t)$ は

$$y(t) = 1 - \frac{1}{\sqrt{1-\zeta^2}}\, e^{-\zeta\omega_n t} \sin(\omega_n\sqrt{1-\zeta^2}\,t + \varphi) \tag{7.16}$$

となる。ここで

$$\varphi = \tan^{-1}\frac{\sqrt{1-\zeta^2}}{\zeta} \tag{7.17}$$

である。

④ の場合（$\zeta=0$）　　システムの伝達関数は

$$G(s) = \frac{\omega_n{}^2}{s^2 + \omega_n{}^2} \tag{7.18}$$

である。極は純虚数で複素平面上の虚軸上に位置する。単位インパルス応答は $\omega_n \sin \omega_n t$ であり，持続振動応答をする安定限界となる。

複素平面上での極の位置と過渡応答に関しては，つぎの 7.3 節でまとめる。

(さらに詳しく) ━•━••━•━•••━•━•••━•━•━•••━•━••━•━•••━•━•

式(7.16)を求めよう。実部と虚部をそれぞれ簡単な変数におくことで以降の式展開の煩雑さを避けることにする。

$$\alpha = \zeta\omega_n, \quad \beta = \omega_n\sqrt{1-\zeta^2} \tag{7.19}$$

とおくと，極は次式のように表すことができる。

$$\lambda_{1,2} = -\alpha \pm j\beta \tag{7.20}$$

ただし，$\alpha>0$，$\beta>0$ である。単位ステップ応答 $y(t)$ のラプラス変換 $Y(s)$ は

$$Y(s) = \frac{\omega_n{}^2}{s(s+\alpha-j\beta)(s+\alpha+j\beta)} \tag{7.21}$$

であるから，上式を部分分数の形に変形するために，ヘビサイドの展開定理を用いる。

$$Y(s) = \frac{A}{s} + \frac{B}{s+\alpha-j\beta} + \frac{C}{s+\alpha+j\beta} \tag{7.22}$$

ただし，式(7.22)の係数は次式で求めることができる。

$$A = sY(s)|_{s=0} \tag{7.23}$$

$$B = (s + \alpha - j\beta)Y(s)|_{s=-\alpha+j\beta} \tag{7.24}$$

$$C = (s + \alpha + j\beta)Y(s)|_{s=-\alpha-j\beta} \tag{7.25}$$

式(7.23)は次式のように計算される。

$$A = sY(s)|_{s=0} = \frac{\omega_n^2}{s^2 + 2\zeta\omega_n s + \omega_n^2}\Big|_{s=0} = \frac{\omega_n^2}{\omega_n^2} = 1 \tag{7.26}$$

つぎに式(7.24)を計算する。

$$B = (s + \alpha - j\beta)Y(s)|_{s=-\alpha+j\beta} = \frac{\omega_n^2}{s(s + \alpha + j\beta)}\Big|_{s=-\alpha+j\beta}$$

$$= \frac{\omega_n^2}{(-\alpha + j\beta)(2j\beta)} \tag{7.27}$$

今後の式展開を容易にするため，式(7.27)の分母の複素数を直交座標形式から極座標形式に表現形式を変更することを試みる。

まず，直交座標形式の $\alpha + j\beta$（$\alpha > 0$，$\beta > 0$）を極座標形式にする。大きさは原点からの距離であるから，$\sqrt{\alpha^2 + \beta^2}$ である。**図 7.5** と **図 7.6** を参考に，角度 φ を

$$\varphi = \tan^{-1}\frac{\beta}{\alpha} = \tan^{-1}\frac{\omega_n\sqrt{1-\zeta^2}}{\zeta\omega_n} = \tan^{-1}\frac{\sqrt{1-\zeta^2}}{\zeta} \tag{7.28}$$

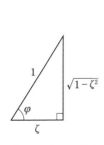

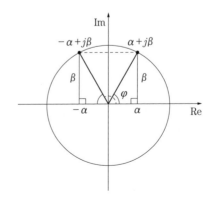

図 7.5 角 φ の定義 　　　　**図 7.6** 直交座標形式と極座標形式

で定義する。

　これらから，**直交座標形式**（orthogonal coordinate style）の $\alpha + j\beta$（$\alpha > 0$, $\beta > 0$）は，次式のように極座標形式に変換することができる。

$$\alpha + j\beta = \sqrt{\alpha^2 + \beta^2}\, e^{j\varphi} \tag{7.29}$$

したがって，式(7.27)の分母の複素数 $-\alpha + j\beta$ は，図7.6から

$$-\alpha + j\beta = \sqrt{\alpha^2 + \beta^2}\, e^{j(\pi - \varphi)} \tag{7.30}$$

となる。また，式(7.27)の分母の純虚数 $2j\beta$ は

$$2j\beta = 2\beta e^{j\frac{\pi}{2}} \tag{7.31}$$

ゆえに，式(7.27)の分母は，次式のように表すことができる。

$$(-\alpha + j\beta)(2j\beta) = \sqrt{\alpha^2 + \beta^2}\, e^{j(\pi - \varphi)} \cdot 2\beta e^{j\frac{\pi}{2}}$$

$$= 2\beta\omega_n e^{j\left(\frac{3}{2}\pi - \varphi\right)} \tag{7.32}$$

式(7.32)を(7.27)に代入して，係数 B の極座標形式への表現変更が完成する。

$$B = \frac{\omega_n}{2\beta}\, e^{j\left(\varphi - \frac{3}{2}\pi\right)} = \frac{\omega_n}{2\beta}\, e^{j\left(\varphi + \frac{\pi}{2}\right)} \tag{7.33}$$

　式(7.25)も同様に計算して次式のようになる。

$$C = (s + \alpha + j\beta)Y(s)\big|_{s = -\alpha - j\beta} = \frac{\omega_n^2}{s(s + \alpha - j\beta)}\bigg|_{s = -\alpha - j\beta}$$

$$= \frac{\omega_n^2}{-(\alpha + j\beta)(-2j\beta)} = \frac{\omega_n^2}{(\alpha + j\beta)(2j\beta)}$$

$$= \frac{\omega_n^2}{\sqrt{\alpha^2 + \beta^2}\, e^{j\varphi} \cdot 2\beta e^{j\frac{\pi}{2}}} = \frac{\omega_n}{2\beta}\, e^{j\left(-\varphi - \frac{\pi}{2}\right)} = \frac{\omega_n}{2\beta}\, e^{-j\left(\varphi + \frac{\pi}{2}\right)} \tag{7.34}$$

求まった係数 A, B, C を式(7.22)に代入する。

$$Y(s) = \frac{1}{s} + \frac{\omega_n}{2\beta}\left\{\frac{e^{j\left(\varphi + \frac{\pi}{2}\right)}}{s + \alpha - j\beta} + \frac{e^{-j\left(\varphi + \frac{\pi}{2}\right)}}{s + \alpha + j\beta}\right\} \tag{7.35}$$

上式を逆ラプラス変換すれば時間関数 $y(t)$ となる。

$$y(t) = 1 + \frac{\omega_n}{2\beta}\left\{ e^{j\left(\varphi + \frac{\pi}{2}\right)} e^{(-\alpha+j\beta)t} + e^{-j\left(\varphi + \frac{\pi}{2}\right)} e^{(-\alpha-j\beta)t}\right\}$$

$$= 1 + \frac{\omega_n}{2\beta} e^{-\alpha t}\left\{ e^{j\left(\beta t + \varphi + \frac{\pi}{2}\right)} + e^{-j\left(\beta t + \varphi + \frac{\pi}{2}\right)}\right\}$$

$$= 1 + \frac{\omega_n}{2\beta} e^{-\alpha t}\cdot 2 \cos\left(\beta t + \varphi + \frac{\pi}{2}\right) \tag{7.36}$$

ここで，つぎの三角関数の公式を使う。

$$\cos\left(\theta + \frac{\pi}{2}\right) = -\sin\theta \tag{7.37}$$

よって，式(7.36)は

$$y(t) = 1 - \frac{\omega_n}{\beta} e^{-\alpha t}\sin(\beta t + \varphi) \tag{7.38}$$

となる。最後に，式(7.19)を用いて元に戻す。

$$y(t) = 1 - \frac{1}{\sqrt{1-\zeta^2}} e^{-\zeta\omega_n t}\sin(\omega_n\sqrt{1-\zeta^2}\,t + \varphi) \tag{7.16 再掲}$$

7.3　複素平面における極の位置と過渡応答

7.2 節において，二次遅れ要素の標準形

$$G(s) = \frac{\omega_n^2}{s^2 + 2\zeta\omega_n s + \omega_n^2} \tag{7.10 再掲}$$

を対象に，減衰係数 ζ で場合分けをして**過渡応答**（transient response）を解説
した。特に，減衰係数 ζ が $0 < \zeta < 1$ の場合は，極とステップ応答は次式のよう
に求められた。

$$\lambda_{1,2} = -\zeta\omega_n \pm j\omega_n\sqrt{1-\zeta^2} \tag{7.15 再掲}$$

$$y(t) = 1 - \frac{1}{\sqrt{1-\zeta^2}} e^{-\zeta\omega_n t}\sin(\omega_n\sqrt{1-\zeta^2}\,t + \varphi) \tag{7.16 再掲}$$

　式(7.16)の正弦波関数の角周波数は $\omega_n\sqrt{1-\zeta^2}$ であって，これは式(7.15)に示す共役複素数となる極の虚部である。虚部の値が小さいならほとんど振動しないが，大きくなるにつれて振動は激しくなる。また，式(7.16)の指数関数の時間変数 t に掛かる係数は $-\zeta\omega_n$ であって，極の実部である。この絶対値が大きくなるにつれて収束は速くなる。

　複素平面上の極の位置と過渡応答の関係を，**不安定領域**（unstable region）も含めて**図 7.7** にまとめる。実軸上に極があるときは非振動であり，実軸から離れていくにつれて振動が激しくなる。また，虚軸上に極があると**安定限界**（stability limit）であって，**左半平面**（left half plane）において虚軸から遠ざかるほど収束は速くなる。**右半平面**（right half plane）なら不安定となる。

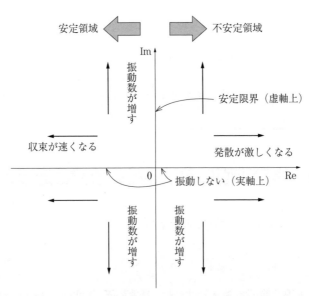

図 7.7　複素平面上の極の位置と過渡応答

　以上のように，複素共役で得られた式(7.15)の極について，実部 $-\zeta\omega_n$ と虚部 $\omega_n\sqrt{1-\zeta^2}$ のそれぞれの大きさで過渡応答を議論するのであれば，極が求まった際に

$$\lambda_{1,2} = -\alpha \pm j\beta \qquad\qquad\text{(7.20 再掲)}$$

とおけば済む。これでは，式(7.10)の二次遅れ要素の標準形を持ち出した意味がない。そこで，もう一度，固有角周波数 ω_n と減衰係数 ζ が，複素共役の極にどうかかわっているか見てみよう。式(7.15)を複素平面上に表したのが**図 7.8** である。

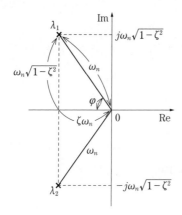

図 7.8 二次遅れ要素標準形の
共役複素数の極

図中，φ は

$$\varphi = \tan^{-1} \frac{\sqrt{1-\zeta^2}}{\zeta} \qquad (7.17 再掲)$$

で定義されており，ζ のみの関数である。また，原点から極までの距離は ω_n である。以下では，二次遅れ要素の標準形の式(7.10)に含まれる二つのパラメータ ω_n と ζ において，一方を固定したままでもう一方のパラメータを変化させると過渡応答がどうなるかを調べることにする。

$\omega_n = 1$ のもとで，ζ を変えてステップ応答を計算した結果を**図 7.9** に示す。

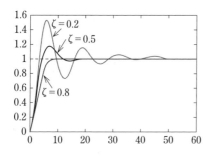

図 7.9 二次遅れ要素標準形の
ステップ応答

ζ の値が小さくなると，オーバーシュート量，振動ともに激しくなることがわかる。このときの極は，ω_n が一定であることから，原点を中心とする半径が一定の円上に配置されることになる。

つぎに，$\zeta = 0.2$ のもとで，ω_n を変えてステップ応答を計算したのが**図 7.10**である。

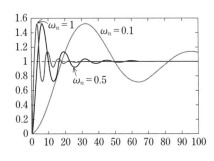

図 7.10　二次遅れ要素標準形の
　　　　　　ステップ応答

ω_n の値が大きくなると，応答が速くなることがわかる。このときのオーバーシュート量，振動は，ζ が一定であることから同じで，時間軸を調整することで図中の 3 本の波形は 1 本に重なる。ζ が一定であるから，式(7.17)で決まる角 φ は一定である。すなわち，このときの極は原点から一直線上に配置されることになる。

二次遅れ要素標準形のパラメータである固有角周波数 ω_n と減衰係数 ζ には，上記のような特筆すべき性質があることを忘れてはならない。

ま　と　め

7.2 節では，二次遅れ要素の単位ステップ応答計算に関して詳細な導出を行った。ヘビサイドの展開定理，複素数の直交座標形式と極座標形式，オイラーの公式，三角関数公式などの復習を兼ねている。7.3 節の図 7.8～図 7.10 はとても興味深い。特に図 7.10 は減衰係数を一定のままで固有角周波数を変えたときのステップ応答であり，時間軸を調整することで 3 本の時間応答波形が重なる。すなわち，過渡特性と安定性の評価において重要な要素である振動の減

衰比は変わらないまま，速応性だけが変化している。

章　末　問　題

【7.1】　伝達関数が

$$G(s) = \frac{2s^2 + 32s + 72}{s^2 + 7s + 12} \tag{7.39}$$

で与えられるシステムの単位ステップ応答を求めよ。

【7.2】　伝達関数が

$$G(s) = \frac{6}{s^3 + 4s^2 + 4s} \tag{7.40}$$

で与えられるシステムの単位ステップ応答を求めよ。

8章

ラウス・フルビッツの安定判別法

は じ め に

　制御対象自身または閉ループ制御系が安定か否かを調べるには，7章で述べたように，極を計算して複素平面上にプロットするのがわかりやすい。左半面上にすべての極があれば，そのシステムは安定である。しかしながら，極を計算するのに用いる特性方程式が高次になると電卓を用いても解くのは面倒である。そこで，解を直接求めるのではなく，特性方程式の係数を使って四則演算をするだけでシステムが安定か否かを判別する方法が提案された。これをラウス・フルビッツの安定判別法という。

8.1　ラウス・フルビッツの安定判別法

制御対象の伝達関数が

$$G(s) = \frac{b(s)}{a(s)} \tag{8.1}$$

で与えられているとき，特性方程式は次式となる。

$$a(s) = 0 \tag{8.2}$$

また，閉ループ制御系が**図 8.1** であるとすれば，その閉ループ伝達関数 $W(s)$

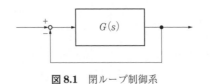

図 8.1　閉ループ制御系

は

$$W(s) = \frac{G(s)}{1 + G(s)} \tag{8.3}$$

となるので，特性方程式は

$$1 + G(s) = 0 \tag{8.4}$$

である。特性方程式の解を特性根と呼び，ここでは極に相当する。

いま，システムの特性方程式が

$$a_n s^n + a_{n-1} s^{n-1} + \cdots + a_1 s + a_0 = 0, \quad a_n > 0 \tag{8.5}$$

で表されているとき，**ラウス・フルビッツの安定判別法**（Routh–Hurwitz stability criterion）はつぎのようにまとめられる。

① 安定であるための必要条件：特性方程式(8.5)の係数がすべて正であること。

② 安定であるための必要十分条件：ラウス表の最左端の列のすべての要素が正であること。

③ 上記②で上から順番に符号を調べるとき，符号反転の回数が不安定な特性根の数に等しい。

以下において，図を用いながら**ラウス表**（Routh table）の作り方を説明する。まず，左側に上から順に，s^n 行，s^{n-1} 行，$\cdots$，s^1 行，s^0 行と書き，s^n 行と s^{n-1} 行の二つの行に，特性方程式(8.5)の係数を**図 8.2** のようにセットする。

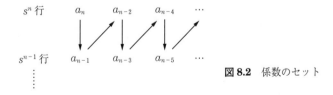

図 8.2 係数のセット

つぎに，s^{n-2} 行の要素 $b_1, b_2, \cdots$ を左から順番に計算する。**図 8.3** に示すように，第1列の要素 b_1 は，第1列と第2列の要素を使って，第2列の要素 b_2 は，第1列と第3列の要素を使って求められる。計算自体は簡単な四則計算であるが，使う要素を間違いやすいので気を付けなければならない。

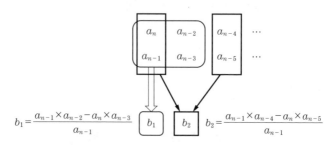

図 8.3　ラウス表の計算 1

そのつぎの s^{n-3} 行の要素 $c_1, c_2, \cdots$ も，左から順番に計算する。**図 8.4** に示すように，使う行が一つ下がって，s^{n-1} 行と s^{n-2} 行になること以外は，先ほどの計算と同様である。

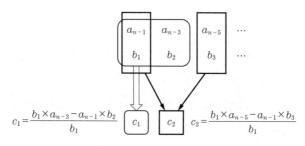

図 8.4　ラウス表の計算 2

【例題 8.1】　特性方程式が

$$s^3 + 6s^2 + 11s + 6 = 0 \tag{8.6}$$

であるとき，このシステムの安定判別を行ってみよう。

【解】 安定であるための必要条件は成り立っている。ラウス表は，つぎのようになる。

s^3 行	1	11	0
s^2 行	6	6	0
s^1 行	10	0	
s^0 行	6			

s^1 行第 1 列の要素の計算を以下に示す（図 8.3 参照）。

$$b_1 = \frac{6 \times 11 - 1 \times 6}{6} = \frac{66 - 6}{6} = 10 \tag{8.7}$$

ラウス表の第1列の要素はすべて正なので,このシステムは安定であると判定される。特性方程式(8.6)の特性根は

$$\lambda_1 = -1, \quad \lambda_2 = -2, \quad \lambda_3 = -3 \tag{8.8}$$

と求められ,すべての特性根は負であるから,この判定結果は正しい。　　　　▲

【例題 8.2】 特性方程式が

$$2s^4 + 3s^3 + 5s^2 + 6s + 4 = 0 \tag{8.9}$$

であるとき,このシステムの安定判別を行ってみよう。

【解】 ラウス表は,つぎのようになる。

s^4 行	2	5	4
s^3 行	3	6	0
s^2 行	1	4	0
s^1 行	-6	0	
s^0 行	4		

s^1 行第1列の要素と同第2列の要素の計算を式(8.10)と式(8.11)に示す(図8.4参照)。

$$c_1 = \frac{1 \times 6 - 3 \times 4}{1} = 6 - 12 = -6 \tag{8.10}$$

$$c_2 = \frac{1 \times 0 - 3 \times 0}{1} = 0 \tag{8.11}$$

さて,できあがったラウス表の第1列の要素の符号を上から順に調べると,正,正,正,負,正であるから,符号は2回反転している。よって,このシステムは不安定で,しかも2個の不安定な特性根を有していると判定された。

特性方程式(8.9)の特性根を計算すると

$$\lambda_{1,2} = -0.875\,2 \pm j0.552\,4, \quad \lambda_{3,4} = 0.125\,2 \pm j1.361 \tag{8.12}$$

であり,判定は正しいことが確認できる。　　　　▲

> **さらに詳しく** ━━━━━━━━━━━━━━━━━━━━━━

まずは,特性方程式について考察する。

式(8.3)の $G(s)$ は有理関数であるから,これに式(8.1)を代入してみる。

$$W(s) = \frac{G(s)}{1+G(s)} = \frac{\dfrac{b(s)}{a(s)}}{1+\dfrac{b(s)}{a(s)}} = \frac{b(s)}{a(s)+b(s)} \tag{8.13}$$

式(8.13)から，閉ループ制御系の特性方程式を

$$a(s) + b(s) = 0 \tag{8.14}$$

と表してもよいことがわかる。実際に特性方程式(8.4)を解くときは，$G(s)$の分母を払って代数方程式(8.14)の形にするから，両式は等価である。また，式(8.14)の左辺の多項式だけに着目したいときは，これを**特性多項式**（characteristic polynomial）と呼んで，特性方程式と区別して扱うことがある。

つぎに，安定判別法をまとめた77ページの①〜③について考えてみよう。

① は必要条件であるから，この条件を満たさないときにシステムは安定ではないと判定できる。逆に，満たしたといっても，必ずしも安定とは限らない。また，② は必要十分条件なので，これだけで足りるものの，なんの計算をすることもなく判定できることから ① を残しているのである。にもかかわらず，① と ② の両方を同時に満たすことが安定であることの必要十分条件であると書かれている文献があるが，もちろん，それは間違いである。

特性方程式(8.5)には，最高次の係数が正であるとの条件が付いている。このため，ラウス表の第1列の要素の符号を上から調べれば，必ず正から始まる。負の要素がなく符号の反転が一度も起こらなければシステムは安定，一度以上起これば，システムは不安定である。では，ゼロがあるとどうなるだろう。

第1列の要素にゼロが生じると，つぎの行の計算においてゼロ割が起きるので，ラウス表の作成に支障が生じる。これについては，つぎの8.2節で扱うこととする。

最後に，計算の効率化について考える。じつは，式(8.11)は，計算をする必要がなかった。余計な計算をしないように気を付けよう。また，同じラウス表の最後のs^0行第1列の要素は，計算をせずとも，4であることがわかる。それは，s^1行第2列の要素がゼロだからである。

$$d_1 = \frac{-6 \times 4 - 1 \times 0}{-6} = \frac{-6 \times 4}{-6} = 4 \tag{8.15}$$

このことは，二つ上の行である s^2 行第 2 列の要素を求める際にも当てはまる。

よく使うのが，つぎに紹介するテクニックである。

「ラウス表の作成途中で，ある行のすべての要素を同じ数で割ってもよい」

例題 8.2 のラウス表を使って説明しよう。

s^3 行	3	6	0

であるから，この行の要素の最大公約数である 3 で割って計算を進めることにする。

s^4 行	2	5	4	
s^3 行	1	2	0	← すべての要素を 3 で割った
s^2 行	1	4	0	

s^2 行第 1 列の要素は，次式によって計算される。

$$b_1 = \frac{3 \times 5 - 2 \times 6}{3} = \frac{(1 \times 3) \times 5 - 2 \times (2 \times 3)}{(1 \times 3)} = \frac{1 \times 5 - 2 \times 2}{1} = 1 \tag{8.16}$$

このように，分母と分子のすべての項に一つずつ，s^3 行の要素の最大公約数 3 が含まれるので，計算結果は変わらない。s^2 行第 2 列の要素は，計算しなくても 4 とわかることは，先に説明した。よって，s^2 行は計算結果に影響を受けないことがわかった。

しかしながら，s^1 行第 1 列の要素は

$$c_1 = \frac{1 \times 6 - 3 \times 4}{1} = \frac{1 \times (2 \times 3) - (1 \times 3) \times 4}{1} = \frac{(1 \times 2 - 1 \times 4) \times 3}{1}$$
$$= -2 \times 3 \tag{8.17}$$

のように計算され，-6 ではなく，-2 となった。今回は，分子の項にだけ最大公約数の 3 が含まれるのが理由である。以上の結果，ラウス表はつぎのように求められる。

s^4 行	2	5	4	
s^3 行	1	2	0	← すべての要素を3で割った
s^2 行	1	4	0	← 変化なし
s^1 行	-2	0		← 3で約分された
s^0 行	4			← 変化なし

　ある行のすべての要素をそれらの最大公約数で割れば扱う数字を小さくすることができるので，手計算のミスを減らすことにつながる。もちろん，判定結果は変わらない。

8.2　特殊な場合への対応

　ラウス表を作成するときに，第1列の要素がゼロになると，つぎの行の要素計算においてゼロ割が起きる。このような場合はどうすればよいのだろうか。

　以下に示す二つの場合がある。

　①　ある行のすべての要素がゼロとなる。

　②　ある行の第1列の要素がゼロとなる。

　まずは，上記 ① の場合についての対応策を，数値例を使って説明する。

【例題 8.3】　特性方程式が次式で与えられている。

$$2s^4 + 13s^3 + 17s^2 + 13s + 15 = 0 \tag{8.18}$$

　このシステムの安定判別を行ってみよう。

【解】ラウス表をつくる。

s^4 行	2	17	15
s^3 行	13	13	0
s^2 行	15	15	
s^1 行	0	0	

s^1 行のすべての要素がゼロとなった。これでは，この先の計算を進めることができ

ない。このような場合は一つ上の行に着目する。この例では s^2 行である。

s^2 行	15	15

第1列の要素は s^2 の係数と読み取れるが，第2列の要素をどう理解すればよいのだろうか。s^4 行の要素 2, 17, 15 はそれぞれ，s^4, s^2, s^0 の係数であったので，s^2 行第2列の要素は s^0 の係数であるとみなすことにしよう。

したがって，いま着目している s^2 行の要素を使って多項式 $P(s)$ を構成すると，次式のようになる。

$$P(s) = 15s^2 + 15 \tag{8.19}$$

この多項式を s で微分する。

$$\frac{dP(s)}{ds} = 30s \tag{8.20}$$

式 (8.20) は，s の一次の係数が 30 であることを示している。この値を s^1 行第1列の要素として用いる。

ラウス表は，つぎのようになる。

s^4 行	2	17	15
s^3 行	13	13	0
s^2 行	15	15	
s^1 行	30	0	

s^0 行の第1列の要素が 15 となることは一目でわかる。

できあがったラウス表の第1列のすべての要素が正であるから，このシステムは安定であると判定される。しかしながら，計算の過程で s^1 行のすべての要素がゼロになるという事態に遭遇したので，例題 8.1 とまったく同じとは考えられない。

そこで特性方程式 (8.18) を因数分解してみると

$$2s^4 + 13s^3 + 17s^2 + 13s + 15 = (2s + 3)(s + 5)(s - j)(s + j) = 0 \tag{8.21}$$

となるから，特性根は

$$\lambda_1 = -1.5, \quad \lambda_2 = -5, \quad \lambda_{3,4} = \pm j \tag{8.22}$$

とわかる。λ_1 と λ_2 は，負の実数であるから，安定な特性根である。$\lambda_{3,4}$ の共役複素根は，虚軸上にある。複素平面上に特性根をプロットしたとき，左半平面にあればその特性根によるモードは安定，右半平面にあれば不安定であり，システムのすべての特性根が左半平面に存在すればそのシステムは安定となる。

虚軸上に存在するときは，その特性根によるモードは持続振動の応答をする。すなわち，収束もしなければ発散もしないので，これを安定限界と呼ぶことにする。した

がって，このシステムは，安定な特性根2個と安定限界の特性根2個を有しており，システムとしては安定限界であると判定される。　　　　　　　　　　　　　▲

　つぎに，前記②の場合についての対応策を，数値例を使って説明する。

【例題 8.4】　特性方程式が次式で与えられている。

$$s^4 + 3s^3 + 2s^2 + 6s - 4 = 0 \tag{8.23}$$

　このシステムの安定判別を行ってみよう。

【解】　負の係数 -4 があるので，このシステムは安定であるための必要条件を満たしていない。この判定は正しいのだろうか。また，不安定根の数はいくつだろうか。
　必要十分条件で調べることとし，ラウス表を作成しよう。

s^4 行	1	2	-4
s^3 行	3	6	0
s^2 行	0	-4	

　s^2 行において第1列の要素がゼロ，第2列の要素が $-4 \neq 0$ となった。このような場合は，ゼロの要素を微小量 $\varepsilon > 0$ に置き換えて計算を進める。

s^4 行	1	2	-4
s^3 行	3	6	0
s^2 行	ε	-4	
s^1 行	$\dfrac{6\varepsilon + 12}{\varepsilon}$	0	
s^0 行	-4		

　ε は正の微小量であるから，$6\varepsilon + 12$ は正である。したがって，ラウス表の第1列の要素の符号は1回だけ反転している。
　特性方程式(8.23)は

$$s^4 + 3s^3 + 2s^2 + 6s - 4$$
$$= (s - 0.505\,9)(s + 3.110)(s + 0.197\,8 - j1.582)(s + 0.197\,8 + j1.582)$$
$$= 0 \tag{8.24}$$

と因数分解できるから，特性根は $\lambda_1 = 0.505\,9$, $\lambda_2 = -3.110$, $\lambda_{3,4} = -0.197\,8 \pm j1.582$ と求められ，不安定な特性根が1個あるという判定結果は正しい。　　　　　▲

8.3　補 助 方 程 式

8.2節において，ある行のすべての要素がゼロとなる場合の対応策を紹介した。数値例に用いた特性方程式(8.18)では，多項式

$$P(s) = 15s^2 + 15 \tag{8.19再掲}$$

を使った。また，特性方程式の因数分解をすることで，安定限界の特性根 $\pm j$ をもつことがわかった。じつはこの2個の特性根は，式(8.19)の多項式 $P(s)$ からつくられる**補助方程式**（auxiliary equation）

$$15s^2 + 15 = 0 \tag{8.25}$$

を解いて求めることができる。式(8.25)の解は $\pm j$ であって，システムが有する2個の純虚数の特性根に一致する。

この知識を用いると，特性方程式(8.18)の因数分解はぐっと楽にできる。式(8.18)の特性多項式 $2s^4 + 13s^3 + 17s^2 + 13s + 15$ を多項式 $s^2 + 1$ で割り算すると割り切れるはずである。では，実際にやってみよう。

$$
\begin{array}{r}
2s^2 + 13s + 15 \\
s^2 + 1 \overline{\smash{\big)}\ 2s^4 + 13s^3 + 17s^2 + 13s + 15} \\
\underline{2s^4 \qquad\quad + 2s^2} \\
13s^3 + 15s^2 + 13s + 15 \\
\underline{13s^3 \qquad\quad + 13s} \\
15s^2 \qquad + 15 \\
\underline{15s^2 \qquad + 15} \\
0
\end{array}
$$

これにより

$$
\begin{aligned}
2s^4 + 13s^3 + 17s^2 + 13s + 15 &= (2s^2 + 13s + 15)(s^2 + 1) \\
&= (2s + 3)(s + 5)(s^2 + 1)
\end{aligned} \tag{8.26}
$$

と因数分解することができた。

さらに詳しく ╍╍╍╍╍╍╍╍╍╍╍╍╍╍╍╍╍╍╍╍╍╍╍╍╍╍╍

　ある行のすべての要素がゼロとなるのは，システムが虚軸上に複素共役な特性根をもつことが要因の一つであることがわかった。特性根は，実数もしくは共役複素数なので，原点対称になるのは例題 8.3 で扱った純虚数の共役複素数の特性根のほかに，実軸上に配置される安定と不安定な特性根の組合せも考えられる。後者の場合はどうなるのであろうか。

╍╍

【例題 8.5】 特性方程式が次式で与えられている。

$$s^4 + 4s^3 + s^2 - 8s - 6 = 0 \tag{8.27}$$

　このシステムの安定判別を行ってみよう。

【解】 特性方程式に負の係数が混ざっているので，安定であるための必要条件を満たしていない。じつはこのシステムの特性根は

$$\lambda_1 = -1, \quad \lambda_2 = -3, \quad \lambda_{3,4} = \pm\sqrt{2} \tag{8.28}$$

であって，安定な実根 2 個と原点対称な実根 2 個を有している。このシステムのラウス表は，つぎのようになる。

s^4 行	1	1	-6
s^3 行	4	-8	0
s^2 行	3	-6	
s^1 行	0	0	

　s^1 行のすべての要素がゼロになった。そこで，一つ上の s^2 行の要素を使って多項式 $P(s)$ をつくる。

$$P(s) = 3s^2 - 6 \tag{8.29}$$

この多項式を s で微分することで

$$\frac{dP(s)}{ds} = 6s \tag{8.30}$$

を得る。この値を用いてラウス表の計算を継続するとつぎのようになる。

s^4 行	1	1	-6
s^3 行	4	-8	0
s^2 行	3	-6	
s^1 行	6	0	
s^0 行	-6		

ラウス表の第 1 列の符号変化は 1 回であるから，システムには 1 個の不安定根があると判断しており，これは正しい。

多項式 (8.29) から補助方程式をつくると

$$3s^2 - 6 = 0 \tag{8.31}$$

である。上式を解いて得られる解 $\pm\sqrt{2}$ は，システムが有する原点対称に配置された実軸上の 2 個の特性根と一致する。　　　　　　　　　　　　　　　　　▲

8.4　設計への応用

ラウス・フルビッツの安定判別法は，システムが安定かどうかを調べるだけではなく，調整パラメータがある場合には，システムを安定に保つためのパラメータの範囲を必要十分条件として求めることができる。

【例題 8.6】 **図 8.5** に示すフィードバック制御系は，**PID 制御系**（PID control system）を **I 動作**（I control action）だけで実現した場合である。PID 制御系については，11 章と 12 章でくわしく学ぶ。図中の K は，I 動作の制御パラメータであって，この値を調整することで制御性能を高めることができる反面，場合によってはフィードバック制御系が不安定になることもある。

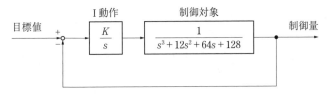

図 8.5　調整パラメータをもつフィードバック制御系

　そこで，フィードバック制御系を安定に保つためのパラメータ K の範囲をラウス・フルビッツの安定判別法を用いて求めてみよう。

【解】 図 8.5 と図 8.1 を比較すると，図 8.5 の制御対象と I 動作の PID 制御装置が直列結合して図 8.1 で使われている $G(s)$ になっていることがわかる。このように一つのブロックにまとめられた $G(s)$ を**前向き伝達関数**（forward transfer function）という。$G(s)$ は，次式のように表すことができる。

$$G(s) = \frac{K}{s(s^3 + 12s^2 + 64s + 128)} = \frac{K}{s^4 + 12s^3 + 64s^2 + 128s} \tag{8.32}$$

このときの特性方程式は，式 (8.4) から

$$1 + G(s) = 1 + \frac{K}{s^4 + 12s^3 + 64s^2 + 128s} = 0 \tag{8.33}$$

となる。式 (8.33) の分母を払ってつぎの代数方程式を得る。

$$s^4 + 12s^3 + 64s^2 + 128s + K = 0 \tag{8.34}$$

　この形にまでたどり着いたので，つぎは特性方程式 (8.34) の係数を用いてラウス表の作成に取りかかろう。

s^4 行	1	64	K
s^3 行	12	128	0
s^2 行	$\dfrac{160}{3}$	K	
s^1 行	$\dfrac{5\,120 - 9K}{40}$	0	
s^0 行	K		

　できあがったラウス表を見ると，パラメータ K が 4 か所に使われていることがわかる。フィードバック制御系を安定にするためのパラメータ K の範囲は，上のラウス表における第 1 列の要素をすべて正にすることから求めることができる。

$$K > 0 \tag{8.35}$$

$$5\,120 - 9K > 0 \tag{8.36}$$

　二つの不等式 (8.35)，(8.36) から次式を得る。

$$0 < K < 568.9 \tag{8.37}$$

これが，所望のパラメータ K の範囲である。

　式 (8.37) から，数式上フィードバック制御系が安定限界となるのは，$K = 0$ のときと $K = 568.9$ のときである。$K = 0$ のときは，図 8.5 で確認すると I 動作のゲインがゼロの場合であって，ループが切れておりフィードバック制御系としての機能を果たすこと

ができない。したがって，フィードバック制御系が安定限界となるのは，パラメータ K が 568.9 のときである。

そのとき，ラウス表は，つぎのようになる。

s^4 行	1	64	568.9
s^3 行	12	128	0
s^2 行	$\dfrac{160}{3}$	568.9	
s^1 行	0	0	
s^0 行	568.9		

s^1 行のすべての要素がゼロになった。そこで，一つ上の s^2 行の要素を使って補助方程式をつくる。

$$\frac{160}{3} s^2 + 568.9 = 0 \tag{8.38}$$

これを解いて，次式の純虚数の共役複素根を得る。

$$\lambda_{1,2} = \pm j3.266 \tag{8.39}$$

上記のように，ラウス・フルビッツの安定判別法を設計に応用すると，フィードバック制御系を安定に保つパラメータの範囲を手計算で求めることができる。また，安定限界となるパラメータの値とそのときの特性根の値を知ることができる。　▲

(さらに詳しく) ━━━━━━━━━━━━━━━━━━━━━━━

特性根を複素平面上にプロットしたとき，左半平面に存在はするもののきわめて虚軸に近ければ，フィードバック制御系が激しい振動をしたり，わずかなモデル化誤差で不安定になる可能性がある。したがって，虚軸からある程度離れていることを保証する手法が欲しい。本節では，$\mathrm{Re}\,\lambda \leqq -\eta$, $\eta > 0$ にすべての特性根が存在するための条件を検討する。

特性方程式

$$a_n s^n + a_{n-1} s^{n-1} + \cdots + a_1 s + a_0 = 0, \quad a_n > 0 \tag{8.5 再掲}$$

は，s に関する代数方程式である。これを

$$s = w - \eta \tag{8.40}$$

を用いて変数変換すると，複素平面上の虚軸を $-\eta$ だけ平行移動することができ

きる。変換後の方程式についてラウス・フルビッツの安定判別法を適用する。その結果，安定と判定されたら，このシステムは $e^{-\eta t}$ より速く減衰する特性であることを保証されたことになる。

━━━━━━━━━━━━━━━━━━━━━━━━━━━━━━━━━━

【例題 8.7】　特性方程式

$$s^3 + as^2 + 12s + 8 = 0 \tag{8.41}$$

のすべての特性根を $\mathrm{Re}\lambda \leqq -1$ とする，a の値を求めてみよう。

【解】式(8.40)から変数変換は

$$s = w - 1 \tag{8.42}$$

である。これを式(8.41)に代入する。

$$(w-1)^3 + a(w-1)^2 + 12(w-1) + 8 = 0 \tag{8.43}$$

展開整理して

$$w^3 + (a-3)w^2 + (15-2a)w + a - 5 = 0 \tag{8.44}$$

を得る。この特性方程式にラウス・フルビッツの安定判別法を適用すると，ラウス表は，つぎのようになる。

s^3 行	1	$15-2a$
s^2 行	$a-3$	$a-5$
s^1 行	$\dfrac{-2a^2+20a-40}{a-3}$	0
s^0 行	$a-5$	

ラウス表の第1列の要素の符号がすべて正になることが必要十分条件である。したがって，つぎの三つの不等式を同時に満足するパラメータ a の範囲を求めればよいことになる。

$$a - 3 > 0 \tag{8.45}$$

$$-2a^2 + 20a - 40 > 0 \tag{8.46}$$

$$a - 5 > 0 \tag{8.47}$$

最初に，不等式(8.46)を解くと

$$2.764 < a < 7.236 \tag{8.48}$$

が得られる。また，不等式(8.45)，(8.47)から

$$5 < a \tag{8.49}$$

を得る。よって，不等式(8.48)，(8.49)から，パラメータ a が満たすべき範囲は

$$5 < a < 7.236 \tag{8.50}$$

となる。

例えば，$a = 7$ のときの特性根は，-4.875，$-1.062 \pm j0.715\,7$ となり，確かにすべての特性根が $\mathrm{Re}\lambda \leqq -1$ を満足している。　　　　　　　　　　　　▲

ま と め

ラウス・フルビッツの安定判別法を用いると，特性方程式の係数を使って四則演算をするだけでシステムが安定か否かを判別することができる。調整パラメータがある場合には，システムを安定に保つためのパラメータの範囲を必要十分条件として求めることができるため，設計に応用することがある。このとき，安定限界となるパラメータの値とそのときの特性根の値を知ることもできる。

章 末 問 題

[8.1]　フィードバック制御系の特性方程式が

$$s^3 + 3Ks^2 + (K+2)s + 4 = 0 \tag{8.51}$$

で与えられている。ここで K は設計パラメータである。この制御系を安定にする K の範囲を求めよ。

[8.2]　フィードバック制御系の特性方程式が

$$s^3 + (K+0.3)s^2 + 3Ks + 60 = 0 \tag{8.52}$$

で与えられている。この制御系を安定にする K の範囲を求めよ。

[8.3]　図 **8.6** に示すフィードバック制御系を安定にする K の範囲を求めよ。

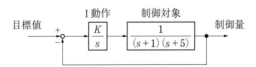

図 8.6　調整パラメータをもつフィードバック制御系

【8.4】 図 8.7 に示すフィードバック制御系を安定にする c_0, c_1 の範囲を求めよ。

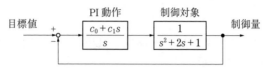

図 8.7 調整パラメータをもつフィードバック制御系

9章

ナイキストの
安定判別法と安定度

> **は　じ　め　に**
>
> 　この章では，フィードバック制御系の安定性を調べるもう一つの方法であるナイキストの安定判別法を習得する。ナイキストの安定判別法は，一巡周波数伝達関数のベクトル軌跡を描くことで安定性を判定する図的手法であり，フィードバック制御系の安定判別に使えるだけでなく，制御系がどの程度安定なのかという安定度の定義にも使われる。

9.1　ナイキストの安定判別法

　特性方程式が代数方程式，すなわち s の多項式で表現される場合は，その係数の四則計算だけでフィードバック制御系の安定判別をすることができることを 8 章で学んだ。そうでない場合への対応策として，ベクトル軌跡の作図によって安定判別をする手法が提案されている。

　図 9.1 に示すように，フィードバック制御系の**一巡周波数伝達関数**（open–

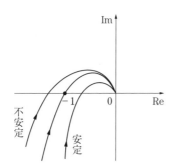

図 9.1　ナイキストの
安定判別法

loop frequency transfer function) のベクトル軌跡が $-1+j0$ を左に見て実軸を横切るならば制御系は安定，右に見るならば不安定，真上を通過するならば安定限界と判定する。これを**ナイキストの安定判別法**（Nyquist stability criterion）という。

フィードバック制御系のブロック線図を**図9.2**に示す。前向き伝達関数 $G(s)$ の入力に点A，**後ろ向き伝達関数**（backward transfer function）$H(s)$ の出力に点Bをとる。いま，点Aから点Bまでの一巡周波数伝達関数 $G(j\omega)H(j\omega)$ のベクトル軌跡を描いたところ，**図9.3**が得られたとする。

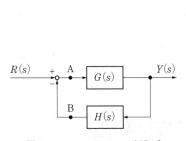

図9.2　フィードバック制御系

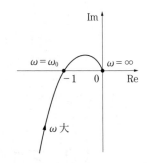

図9.3　$G(j\omega)H(j\omega)$ のベクトル軌跡

目標値 $R(s)$ をゼロとして，点Aに存在した正弦波信号 $\sin\omega_0 t$ が，フィードバックループを一巡してどのような波形に整形されて再び点Aを通過するかを以下において調べよう。

一巡周波数伝達関数 $G(j\omega)H(j\omega)$ のベクトル軌跡は，角周波数が ω_0 のときに点 $-1+j0$ を通過して

$$G(j\omega_0)H(j\omega_0) = -1+j0 = 1 \cdot e^{-j\pi} \tag{9.1}$$

であるから，$G(j\omega_0)H(j\omega_0)$ の大きさは1で，位相は $-\pi$ であることがわかる。したがって，点Aで $\sin\omega_0 t$ であった信号は，前向き伝達関数 $G(s)$ と後ろ向き伝達関数 $H(s)$ を一巡することにより，大きさはそのままで，位相が π だけ遅れた信号に変わるので，点Bでは $\sin(\omega_0 t - \pi)$ となる。

ここで，三角関数の公式

$$\sin(\omega_0 t - \pi) = -\sin\omega_0 t \tag{9.2}$$

であることから，点 A で $\sin \omega_0 t$ であった信号はフィードバックループを一巡して，まったく同じ信号として再び点 A に戻ってくることになる。これは，点 A には角周波数 ω_0 の一定振幅の振動が持続することを意味する。この現象を**図 9.4** に示す。

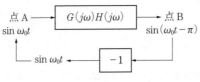

図 9.4　正弦波 $\sin \omega_0 t$ の伝達

以上は，一巡周波数伝達関数 $G(j\omega)H(j\omega)$ のベクトル軌跡が実軸を横切るときに $-1 + j0$ の真上を通過する場合であった。もし，実軸の通過点が $-0.8 + j0$ であるならば，点 A で $\sin \omega_0 t$ であった信号は，一巡するたびにその大きさが 0.8 倍となるため，速やかにゼロに収束する。そして，実軸の通過点が $-1.2 + j0$ であるならば，点 A で $\sin \omega_0 t$ であった信号は，一巡するたびにその大きさが 1.2 倍となるため発散する。

ナイキストの安定判別法を説明するために，一巡周波数伝達関数 $G(j\omega)H(j\omega)$ のベクトル軌跡が実軸を横切るときの角周波数に着目した。十分な説明・証明にはなっていないが，雰囲気は感じることができたと思う。

9.2　ゲイン余裕と位相余裕

9.1 節のナイキストの安定判別法では，点 $-1 + j0$ が安定と不安定の分岐点であった。制御対象のパラメータが多少変化してもフィードバック制御系が安定を保つためには，一巡周波数伝達関数 $G(j\omega)H(j\omega)$ のベクトル軌跡が点 $-1 + j0$ から右側にある程度離れていることが望ましい。

図 9.5 における線分 RS の長さを直接評価するのが理想ではあるものの，簡単に求めることはできない。

そこで，求めやすい値として，以下に説明する**ゲイン余裕**（gain margin）と

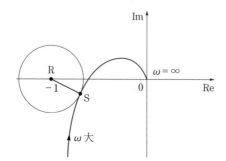

図 **9.5**　望ましい安定
の評価

位相余裕（phase margin）がベクトル軌跡において提案された。

　点 R は，ゲインが 1，位相が $-\pi$ の点である。そこで，一巡周波数伝達関数
のベクトル軌跡の位相が $-\pi$ のときに，ゲインが 1 とどの程度離れているかを
評価するために，**図 9.6** 中の線分 RQ の長さを数値化する。それをゲイン余裕
g_m と呼ぶ。また，ω_{cp}〔rad/s〕を**位相交差角周波数**（phase–crossover angular
frequency）という。

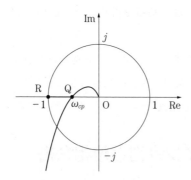

図 **9.6**　ゲイン余裕

　図 9.6 で用いた表記を使うと

$$\text{線分 RQ} = \text{線分 OR} - \text{線分 OQ}$$

$$= 1 - \text{線分 OQ} \tag{9.3}$$

である。図 9.6 は，ベクトル軌跡ではあるが，式(9.3)をデシベルの単位に変換
すると次式のようになる。

$$g_m = 20 \log_{10} 1 - 20 \log_{10} \overline{OQ} = 20 \log_{10} \frac{1}{\overline{OQ}} \quad \text{〔dB〕} \tag{9.4}$$

　式(9.4)は，市販本にゲイン余裕 g_m の定義として紹介されている式である。しかしながら多くの場合，式(9.4)が突然現れて，なぜ線分 OQ の逆数なのかの説明がなされていないのが残念である。

　式(9.4)から，線分 OQ の長さが1より小さければ g_m は正となり，逆に1より大きければ g_m は負となることがわかる。したがって，g_m が正のときにフィードバック制御系は安定，負のときは不安定，ゼロのときは安定限界ということができる。

　つぎに，位相余裕を定義しよう。先に述べたとおり，点 R はゲインが1，位相が $-\pi$ の点である。そこで，今度は，一巡周波数伝達関数のベクトル軌跡のゲインが1になるときに，位相が $-\pi$ とどの程度余裕があるかを位相余裕 ϕ_m とする。

　図9.7において点 P はゲイン特性曲線が0 dB となる点であり，そのときの角周波数を**ゲイン交差角周波数**（gain-crossover angular frequency）ω_{cg}〔rad/s〕という。位相余裕 ϕ_m を式で表すと次式のようになる。

$$\phi_m = \theta(\omega_{cg}) - (-\pi) \quad \text{〔rad〕} \tag{9.5}$$

式(9.5)から，一巡周波数伝達関数のベクトル軌跡の点 P における位相 $\theta(\omega_{cg})$ が $-\pi$ より小さければ ϕ_m は正，逆に $-\pi$ より大きければ ϕ_m は負となることがわかる。したがって，ϕ_m が正のときにフィードバック制御系は安定，負のときは不安定，ゼロのときは安定限界ということができる。位相余裕 ϕ_m の単位は，〔rad〕と〔deg〕のどちらを使用してもかまわない。

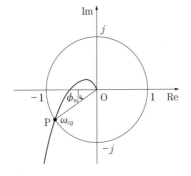

図9.7　位相余裕

　制御対象の特性を正確に把握して数学モデルで表現することは実際には難しく，また，操業中においても運転条件や環境条件などの変化に伴ってその特性は変わる。そこで上述のように，制御対象のゲインと位相が多少数学モデルと違ってきてもフィードバック制御系が不安定とならないように，安定のための設計余裕を設ける。ゲイン余裕と位相余裕は経験的に**表9.1**に示す値がよいとされている。

表9.1　ゲイン余裕と位相余裕の値

制御系	ゲイン余裕	位相余裕
定値制御（プロセス系）	3〜10 dB	20° 以上
追従制御（サーボ系）	10〜20 dB	40〜60°

（　さらに詳しく　）━•

　以上においては，ベクトル軌跡におけるゲイン余裕と位相余裕の定義を説明した。周波数伝達関数の図的表現では，ボード線図も多く使われる。そこで，ボード線図上でゲイン余裕と位相余裕を見るにはどうすればよいかを考える。

　式(9.3)において，線分OQの長さは，$\omega = \omega_{cp}$のときの一巡周波数伝達関数のゲインであるから，$|G(j\omega_{cp})H(j\omega_{cp})|$である。したがって，式(9.3)は次式のように表すこともできる。

$$線分RQ = 1 - |G(j\omega_{cp})H(j\omega_{cp})| \tag{9.6}$$

式(9.6)をデシベルの単位にするとゲイン余裕の計算式として

$$g_m = 0 - g(\omega_{cp}) \tag{9.7}$$

を得る。以下において，g_mをベクトルとして扱う。式(9.7)は，$\omega = \omega_{cp}$のときの一巡周波数伝達関数のゲイン$g(\omega_{cp})$〔dB〕を起点として0 dBまでの大きさを計算しているから，**図9.8**に示すようにベクトルの矢印が上向きのとき$g_m > 0$で，フィードバック制御系は安定である。矢印が下向きならば不安定，ゼロならば安定限界である。

　位相余裕は

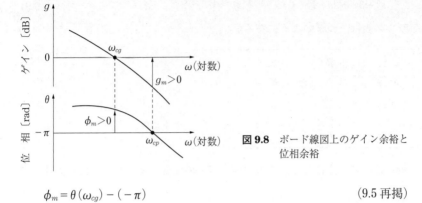

図9.8 ボード線図上のゲイン余裕と位相余裕

$$\phi_m = \theta(\omega_{cg}) - (-\pi) \tag{9.5 再掲}$$

であり，$-\pi$〔rad〕を起点として $\theta(\omega_{cg})$〔rad〕までの大きさを計算しているので，矢印が上向きのとき $\phi_m > 0$ で，フィードバック制御系は安定である。矢印が下向きならば不安定，ゼロならば安定限界である。

9.3 設計への応用

図9.9 に示す制御系を安定にする設計パラメータ K の条件を，ラウス・フルビッツの安定判別法とナイキストの安定判別法によって求めよう。

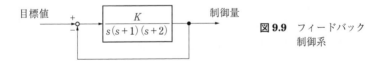

図9.9 フィードバック
制御系

8章で習得したラウス・フルビッツの安定判別法を適用して K の条件を求める。閉ループ系の伝達関数は

$$G(s) = \frac{\dfrac{K}{s(s+1)(s+2)}}{1 + \dfrac{K}{s(s+1)(s+2)}} = \frac{K}{s(s+1)(s+2) + K} \tag{9.8}$$

であるから，特性方程式は次式となる。

$$s^3 + 3s^2 + 2s + K = 0 \tag{9.9}$$

ラウス表は，つぎのようになる。

s^3 行	1	2	0
s^2 行	3	K	0
s^1 行	$\dfrac{6-K}{3}$	0	
s^0 行	K		

　最左端の列に注目して，この列のすべての要素がすべて正である条件を求めればよいから

$$0 < K < 6 \tag{9.10}$$

となる。制御系を安定にする必要十分条件から式(9.10)を得た。

　つぎに，同じ設計問題にナイキストの安定判別法を適用する。一巡周波数伝達関数は

$$G(j\omega)H(j\omega) = \frac{K}{j\omega(j\omega+1)(j\omega+2)} = \frac{-K}{3\omega^2 + j(\omega^3 - 2\omega)}$$

$$= \frac{-K\{3\omega^2 - j(\omega^3 - 2\omega)\}}{(3\omega^2)^2 + (\omega^3 - 2\omega)^2} \tag{9.11}$$

である。負の実軸との交点は，式(9.11)の虚部をゼロにすることから求められる。

$$K(\omega^3 - 2\omega) = 0 \tag{9.12}$$

$K \neq 0$，$\omega > 0$ の条件で式(9.12)を解いて，位相交差角周波数

$$\omega_{cp} = \sqrt{2} \tag{9.13}$$

を得る。この ω_{cp} が，一巡周波数伝達関数のベクトル軌跡が負の実軸を横切るときの角周波数である。$\omega = \omega_{cp}$ のときの一巡周波数伝達関数は式(9.11)から

$$G(j\omega_0)H(j\omega_0) = = \frac{-K \times 3 \times 2}{(3 \times 2)^2} = -\frac{K}{6} \tag{9.14}$$

である。よって，負の実軸との交点は $-K/6 + j0$ であることがわかる。ナイキストの安定判別法から制御系が安定であるためには

$$-1 < -\frac{K}{6} < 0 \tag{9.15}$$

が求められる。式(9.15)を変形して次式を得る。

$$0 < K < 6 \tag{9.16}$$

　$0 < K < 6$ のときは，一巡周波数伝達関数のベクトル軌跡は点 $-1+j0$ を左に見て負の実軸を横切るのでフィードバック制御系は安定，$K > 6$ のときは，右に見て負の実軸を横切るのでフィードバック制御系は不安定であると判定される。これは，先に検討したラウス・フルビッツの安定判別法の結果と一致する。

ま　と　め

　制御対象とするシステムの特性を低次の線形モデルで表現しようとするとき，**非線形要素**（non-linear element）や細かな速い動きを表現することはできない。また，天候など周りの環境変化の影響を受けて，システムの特性は変わる。設計に使うために用いる数学モデルと実際のシステムとの間に差があることで閉ループ制御系が不安定にならないように，安定の余裕を確保することは重要である。

　一巡伝達関数のゲインを大きくすると反応がよくなる代わりに安定の余裕が少なくなる。制御性能と安定の余裕は相反する事象であるため，両者のバランスの取れた設計をするために，数学モデルの構築から悩むのが実情である。

章　末　問　題

【9.1】　一巡伝達関数（open-loop transfer function）

$$G(s)H(s) = \frac{K}{(1+s)(1+3s)(1+7s)} \tag{9.17}$$

を有するフィードバック制御系がある。制御系のゲイン余裕を 20 dB とする $K > 0$ の値を求めよ。

10章

定 常 特 性

は じ め に

制御系設計の第一の目的は，システムの安定化である。7章から9章において，過渡特性と安定性，および安定判別法を学習した。安定性を確保したのちに第二の目的として挙げられるのが，制御系の応答特性であって，過渡特性と定常特性に分けて扱われる。前者に関しては7章で解説した。本章では，定常特性について考え，内部モデル原理という概念を新しく学ぶ。

10.1 目標値変化に対する定常偏差

図 **10.1** に示すフィードバック制御系において，外乱がまったくない条件下で目標値 $R(s)$ が変化したときの**定常特性**（steady–state characteristic）を評価しよう。時間が十分に経過したあとの状態を**定常状態**（steady state），そのときの**制御偏差**（control error）を**定常偏差**（steady–state error）という。

制御偏差 $e(t)$ をラプラス変換したものを $E(s)$ で表すとき，定常偏差 $e(\infty) =$

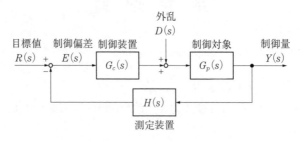

図 10.1 フィードバック制御系

$\displaystyle\lim_{t\to\infty} e(t)$ は，ラプラス変換の最終値の定理から次式のように求めることができることは 2 章で学んだ。

$$e(\infty) = \lim_{s\to 0} sE(s) \tag{10.1}$$

ここで，式(10.1)右辺の $E(s)$ が，図 10.1 の制御系においてはどのように記述されるかを検討する。図 10.1 から次式が成り立つ。

$$E(s) = R(s) - H(s)\, Y(s) \tag{10.2}$$

$$Y(s) = G_p(s)\, G_c(s)\, E(s) \tag{10.3}$$

式(10.2)と式(10.3)から $Y(s)$ を消去することで，目標値 $R(s)$ から制御偏差 $E(s)$ までの伝達関数

$$\frac{E(s)}{R(s)} = \frac{1}{1 + G_p(s)\, G_c(s)\, H(s)} \tag{10.4}$$

を得る。ここで，**一巡伝達関数**（open-loop transfer function）は

$$G_p(s)\, G_c(s)\, H(s) = \frac{b_0 + b_1 s + b_2 s^2 + b_3 s^3 + \cdots}{a_0 + a_1 s + a_2 s^2 + a_3 s^3 + \cdots} \tag{10.5}$$

で与えられ，分母と分子は**既約**（irreducible）とする。

これらの準備のもとで，外部入力の一つである目標値が変化したときの定常偏差を計算しよう。特に，ステップ状に変化したときの定常偏差を**定常位置偏差**（steady-state positional error）といい，e_p で表す。

大きさが R のステップ関数のラプラス変換は

$$R(s) = \frac{R}{s} \tag{10.6}$$

であること，および，式(10.1)，式(10.4)と式(10.6)から，e_p は，次式のように表すことができる。

$$e_p = \lim_{s\to 0} s \cdot \frac{1}{1 + G_p(s)\, G_c(s)\, H(s)} \cdot \frac{R}{s} = \frac{R}{1 + \displaystyle\lim_{s\to 0} G_p(s)\, G_c(s)\, H(s)} \tag{10.7}$$

① 一巡伝達関数 $G_p(s)\, G_c(s)\, H(s)$ が原点に極をもたない場合

$$\lim_{s\to 0} G_p(s)\, G_c(s)\, H(s) = \lim_{s\to 0} \frac{b_0 + b_1 s + b_2 s^2 + \cdots}{a_0 + a_1 s + a_2 s^2 + \cdots} = \frac{b_0}{a_0} = \kappa \tag{10.8}$$

$$\therefore \quad e_p = \frac{R}{1 + \lim_{s \to 0} G_p(s) \, G_c(s) \, H(s)} = \frac{R}{1 + \kappa} \tag{10.9}$$

② 一巡伝達関数 $G_p(s) \, G_c(s) \, H(s)$ が原点に極をもつ場合

$$\lim_{s \to 0} G_p(s) \, G_c(s) \, H(s) = \lim_{s \to 0} \frac{b_0 + b_1 s + b_2 s^2 + \cdots}{s(a_1 + a_2 s + \cdots)} = \infty \tag{10.10}$$

$$\therefore \quad e_p = \frac{R}{1 + \lim_{s \to 0} G_p(s) \, G_c(s) \, H(s)} = \frac{R}{1 + \infty} = 0 \tag{10.11}$$

以上から，一巡伝達関数が原点に極をもたない場合は，定常位置偏差の大きさは一巡伝達関数の**定常ゲイン**（steady-state gain）κ に依存して決まり，式(10.9)から求めることができる。例えば，$\kappa = 100$ すなわち 40 dB なら，約 1 % の定常位置偏差が残ることになる。これとは対照的に，一巡伝達関数が原点に極をもつ場合は，定常位置偏差はゼロとなる。このことは，もしも制御対象自身が**積分要素**（integral element）をもたない場合は，制御装置に**積分器**（integrator）を設置することで，目標値のステップ状の変化に対して定常位置偏差なく追従する制御系を構成できることを示唆している。

続いて，目標値がランプ状に変化したときの定常偏差を計算しよう。外部入力がランプ状に変化したときの定常偏差を特に，**定常速度偏差**（steady-state velocity error）といい，e_v で表す。傾きが R のランプ関数のラプラス変換は

$$R(s) = \frac{R}{s^2} \tag{10.12}$$

であるから，e_v は次式のように表すことができる。

$$e_v = \lim_{s \to 0} \frac{R}{s + s G_p(s) \, G_c(s) \, H(s)} = \frac{R}{\lim_{s \to 0} \{s + s G_p(s) \, G_c(s) \, H(s)\}} \tag{10.13}$$

① 一巡伝達関数 $G_p(s) \, G_c(s) \, H(s)$ が原点に極をもたない場合

$$\lim_{s \to 0} \{s + s G_p(s) \, G_c(s) \, H(s)\}$$
$$= \lim_{s \to 0} \left\{ s + \frac{s(b_0 + b_1 s + b_2 s^2 + \cdots)}{a_0 + a_1 s + a_2 s^2 + \cdots} \right\} = 0 \tag{10.14}$$

$$\therefore \quad e_v = \frac{R}{\lim_{s \to 0} \{s + s\, G_p(s)\, G_c(s)\, H(s)\}} = \infty \tag{10.15}$$

② 一巡伝達関数 $G_p(s)\, G_c(s)\, H(s)$ が原点に極を一つもつ場合

$$\lim_{s \to 0} \{s + s\, G_p(s)\, G_c(s)\, H(s)\}$$

$$= \lim_{s \to 0} \left\{ s + \frac{s\,(b_0 + b_1 s + b_2 s^2 + \cdots)}{s\,(a_1 + a_2 s + \cdots)} \right\} = \frac{b_0}{a_1} = \kappa \tag{10.16}$$

$$\therefore \quad e_v = \frac{R}{\lim_{s \to 0} \{s + s\, G_p(s)\, G_c(s)\, H(s)\}} = \frac{R}{\kappa} \tag{10.17}$$

③ 一巡伝達関数 $G_p(s)\, G_c(s)\, H(s)$ が原点に極を二つ以上もつ場合

$$\lim_{s \to 0} \{s + s\, G_p(s)\, G_c(s)\, H(s)\}$$

$$= \lim_{s \to 0} \left\{ s + \frac{s\,(b_0 + b_1 s + b_2 s^2 + \cdots)}{s^2\,(a_2 + a_3 s + \cdots)} \right\} = \infty \tag{10.18}$$

表 10.1 目標値に対する制御系の形と定常偏差

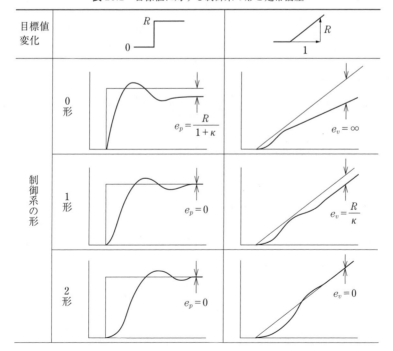

$$\therefore \quad e_v = \frac{R}{\displaystyle\lim_{s\to 0}\{s + s\,G_p(s)\,G_c(s)\,H(s)\}} = 0 \tag{10.19}$$

　例えば，定速移動している対象物追従において，制御系の一巡伝達関数が積分要素をもたない場合は，追従偏差は時間と共に広がっていき，時間が無限に経過したときの差は無限大になることを意味する。積分要素を一つもつ場合は，その差は一定値となり，二つ以上もつ場合は，定常速度偏差なく追従できる。

　目標値変化に対する定常偏差を一巡伝達関数が有する積分要素の数で場合分けしてまとめたのが**表 10.1**である。この表では，例えば一巡伝達関数が積分要素を一つもつなら**1 形制御系**（control system type 1）と呼んでいる。

【例題 10.1】　図 10.1 に示したフィードバック制御系の一巡伝達関数が

$$G_p(s)\,G_c(s)\,H(s) = \frac{40(s+6)}{s^3 + 7s^2 + 18s + 24} \tag{10.20}$$

で与えられている。目標値が大きさ 5 でステップ状に変化したときの定常位置偏差を求めてみよう。

【解】定常位置偏差を式(10.8)と式(10.9)を使って求める。

$$\lim_{s\to 0} G_p(s)\,G_c(s)\,H(s) = \lim_{s\to 0}\frac{40(s+6)}{s^3 + 7s^2 + 18s + 24} = \frac{240}{24} = 10 \tag{10.21}$$

$$\therefore \quad e_p = \frac{R}{1 + \displaystyle\lim_{s\to 0} G_p(s)\,G_c(s)\,H(s)} = \frac{5}{1+10} = 0.454\,5 \tag{10.22}$$

式(10.22)から，大きさ 0.454 5 の定常位置偏差が残ることがわかる。　　　▲

（　さらに詳しく　）━・━・━・━・━・━・━・━・━・━・━・━・━・━・━・━・━

　制御系の形と伝達関数の係数について考察する。原点に極をもつ場合から順番に考えるほうがわかりやすい。

　①　2 形：原点に極を二つ以上もつ場合　　　分母は，$s^2(a_2 + a_3 s + a_4 s^2 + \cdots)$
　　と表されるから，$a_0 = 0$，$a_1 = 0$ である。

　　　既約という条件から，原点に零点はない。すなわち，$b_0 \neq 0$ である。

係数への条件はつぎのように整理される。

$$a_0 = 0, \quad a_1 = 0, \quad b_0 \neq 0 \tag{10.23}$$

式(10.23)に基づいて，式(10.10)と式(10.18)は計算されている。

② 1形：原点に極を一つもつ場合　分母は，$s(a_1 + a_2 s + a_3 s^2 + \cdots)$なので，$a_0 = 0, \ a_1 \neq 0$である。

既約という条件から，原点に零点はない。すなわち，$b_0 \neq 0$である。

係数への条件はつぎのように整理される。

$$a_0 = 0, \quad a_1 \neq 0, \quad b_0 \neq 0 \tag{10.24}$$

式(10.24)に基づいて，式(10.10)と式(10.16)は計算されている。

③ 0形：原点に極をもたない場合　$a_0 \neq 0$でなければならない。既約という条件があっても，$b_0 \neq 0$とは限らない。係数への条件はつぎのように整理される。

$$a_0 \neq 0 \tag{10.25}$$

式(10.25)に基づいて，式(10.8)と式(10.14)は計算されている。

10.2　外乱印加に対する定常偏差

図10.1に示すフィードバック制御系に外部から影響を与える入力は，目標値$R(s)$と**操作端外乱**（operation edge disturbance）$D(s)$の二つである。まず，$D(s) = 0$として$R(s)$から制御量$Y(s)$までの伝達関数は次式のように求められる。

$$\frac{Y(s)}{R(s)} = \frac{G_p(s)\, G_c(s)}{1 + G_p(s)\, G_c(s)\, H(s)} \tag{10.26}$$

つぎに$R(s) = 0$として$D(s)$から$Y(s)$までの伝達関数を考える。前向き伝達関数は$G_p(s)$，後ろ向き伝達関数は$G_c(s)\, H(s)$であるから

$$\frac{Y(s)}{D(s)} = \frac{G_p(s)}{1 + G_p(s)\, G_c(s)\, H(s)} \tag{10.27}$$

である。式(10.26)と式(10.27)を比較するとわかるように，一巡伝達関数は同じ，閉ループ系の特性方程式も同じであるが，分子が異なる。制御量は次式のように表すことができる。

$$Y(s) = \frac{G_p(s)\, G_c(s)}{1 + G_p(s)\, G_c(s)\, H(s)}\, R(s) + \frac{G_p(s)}{1 + G_p(s)\, G_c(s)\, H(s)}\, D(s) \quad (10.28)$$

式(10.28)は，$R(s)$ と $D(s)$ がそれぞれの伝達関数で $Y(s)$ に影響を及ぼすことを表現している。

本節の目的は，大きさ D のステップ状の操作端外乱 $D(s)$ が印加されたときの制御量の定常値 $y(\infty)$ に及ぼす影響 $y_d(\infty)$ を調べることなので，$R(s)=0$ とした式(10.27)に着目する。ラプラス変換の最終値の定理を使うと $y_d(\infty)$ は

$$y_d(\infty) = \lim_{s \to 0} sY(s) = \lim_{s \to 0} s \cdot \frac{G_p(s)}{1 + G_p(s)\, G_c(s)\, H(s)} \cdot \frac{D}{s} \quad (10.29)$$

で求めることができる。

① 一巡伝達関数 $G_p(s)\, G_c(s)\, H(s)$ が原点に極をもたない場合

$$y_d(\infty) = \lim_{s \to 0} \frac{G_p(s)\, D}{1 + G_p(s)\, G_c(s)\, H(s)}$$

$$= \frac{G_p(0)}{1 + G_p(0)\, G_c(0)\, H(0)}\, D = \frac{\kappa_p}{1 + \kappa}\, D \quad (10.30)$$

となる。ただし，$\kappa_p = G_p(0)$，$\kappa = G_p(0)\, G_c(0)\, H(0)$ とおいた。

② 一巡伝達関数 $G_p(s)\, G_c(s)\, H(s)$ が原点に極をもつ場合

②-1 積分要素が $G_p(s)$ に含まれ，$G_c(s)$ にないとき　　10.1 節の式(10.10) を参考にすると次式が成り立つ。

$$\lim_{s \to 0} G_p(s) = \infty \quad (10.31)$$

したがって

$$y_d(\infty) = \lim_{s \to 0} \frac{G_p(s)\, D}{1 + G_p(s)\, G_c(s)\, H(s)} = \lim_{s \to 0} \frac{D}{\dfrac{1}{G_p(s)} + G_c(s)\, H(s)}$$

$$= \frac{D}{\displaystyle\lim_{s \to 0}\left(\frac{1}{G_p(s)} + G_c(s)\,H(s)\right)} = \frac{D}{G_c(0)\,H(0)} = \frac{D}{\kappa_c} \tag{10.32}$$

を得る。ただし，$\kappa_c = G_c(0)\,H(0)$ とおいた。

② - 2　積分要素が $G_c(s)$ に含まれるとき

$$\lim_{s \to 0} G_c(s)\,H(s) = \infty \tag{10.33}$$

であるから，次式が成り立つ。

$$y_d(\infty) = \frac{D}{\displaystyle\lim_{s \to 0}\left(\frac{1}{G_p(s)} + G_c(s)\,H(s)\right)} = 0 \tag{10.34}$$

一巡伝達関数 $G_p(s)\,G_c(s)\,H(s)$ が原点に極をもたない場合は，定常偏差 $y_d(\infty)$ が残る。その大きさは式(10.30)で与えられる。また，一巡伝達関数 $G_p(s)$ $G_c(s)\,H(s)$ が原点に極をもつ場合で，積分要素が $G_p(s)$ に含まれ，$G_c(s)$ にないときは，式(10.32)の大きさの定常偏差 $y_d(\infty)$ が残る。どちらの場合も制御装置の **定常ゲイン**（steady-state gain）$G_c(0)$ を大きくすることで定常偏差 $y_d(\infty)$ を小さくできるが，8章で学んだように制御系が安定となる範囲内で調整しなければならない。

積分要素が $G_c(s)$ に含まれるときは，定常偏差 $y_d(\infty)$ をなくすことができる。

上記において，測定装置 $H(s)$ には積分要素はないものとした。この仮定は現実的である。

【例題 10.2】　図10.1に示したフィードバック制御系の制御対象，制御装置，測定装置がそれぞれつぎの伝達関数で表されているとする。

$$G_p(s) = \frac{1}{s^2 + 2s + 2}, \quad G_c(s) = \frac{3(s+2)}{s(s+3)}, \quad H(s) = 1 \tag{10.35}$$

大きさ 2 のステップ状操作端外乱が制御量の定常値に及ぼす影響 $y_d(\infty)$ を求めてみよう。

【解】一巡伝達関数 $G_p(s)\,G_c(s)\,H(s)$ が原点に極をもつ場合であるから，ステップ状操

作端外乱が制御量に及ぼす定常偏差 $y_d(\infty)$ は

$$y_d(\infty) = \frac{D}{\lim\limits_{s \to 0}\left(\dfrac{1}{G_p(s)} + G_c(s)\,H(s)\right)} \tag{10.36}$$

で計算できる。式(10.36)の分母の極限を項ごとに扱う。

$$\lim_{s \to 0}\frac{1}{G_p(s)} = \lim_{s \to 0}\frac{1}{\dfrac{1}{s^2+2s+2}} = \lim_{s \to 0}\frac{s^2+2s+2}{1} = 2 \tag{10.37}$$

$$\lim_{s \to 0} G_c(s)\,H(s) = \lim_{s \to 0}\frac{3(s+2)}{s(s+3)} = \infty \tag{10.38}$$

式(10.37)，式(10.38)と $D = 2$ を式(10.36)に代入する。

$$y_d(\infty) = \frac{2}{2+\infty} = 0 \tag{10.39}$$

　制御装置 $G_c(s)$ が積分要素を有するときは，ステップ状の操作端外乱の印加があっても制御量の定常値に影響を及ぼさないことを確認した。　　　　　▲

さらに詳しく

　本節では，操作端外乱の印加による制御量への影響を理解するために，$R(s)=0$ として $D(s)$ から $Y(s)$ までの伝達関数を用いて計算した。10.1節で検討した目標値変化の場合と同様に，制御偏差 $e(t)$ の定常値である定常位置偏差 $e_p = \lim\limits_{t \to \infty} e(t)$ に着目してもかまわない。このときは，$E(s) = R(s) - Y(s)$ から，$E(s) = -Y(s)$ の関係なので，符号の違いだけであることがわかる。

ま と め

　単位ステップ関数のラプラス変換は $1/s$ で，積分要素も同じく $1/s$ である。また，単位ランプ関数のラプラス変換は $1/s^2$ で，積分要素二つも同じく $1/s^2$ である。本章の検討から，外部入力である目標値または操作端外乱の特性と同じ特性をもつモデルを制御装置に用意しておけば，定常偏差をゼロにできることがわかった。これを**内部モデル原理**（Internal model principle）という。

　目標値変化または操作端外乱印加が，いつどんな大きさで変化もしくは印加されるかの情報を事前に知っておく必要はない。このことは，まったく知らない初めての街に行っても，手元にその街の地図があれば迷わずに済むのに似ている。

章 末 問 題

【10.1】　図 10.1 に示したフィードバック制御系の一巡伝達関数が

$$G_p(s)\, G_c(s)\, H(s) = \frac{50(s+4)}{(s+1)\,(s+3)\,(s+5)} \tag{10.40}$$

で与えられている。目標値が大きさ 3 でステップ状に変化したときの定常位置偏差 e_p を求めよ。

【10.2】　問題 10.1 と同じ一巡伝達関数において，目標値が傾き 2 でランプ状に変化したときの定常速度偏差 e_v を求めよ。

【10.3】　**図 10.2** に示したフィードバック制御系の目標値が大きさ 4 でステップ状に変化したときの定常位置偏差 e_p を求めよ。

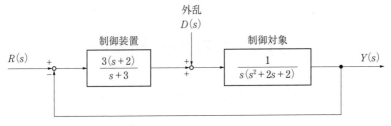

図 10.2　フィードバック制御系

【10.4】　図 10.2 に示したフィードバック制御系の目標値が傾き 0.5 でランプ状に変化したときの定常速度偏差 e_v を求めよ。

【10.5】　図 10.2 に示したフィードバック制御系において，大きさ 1.5 のステップ状操作端外乱が制御量の定常値に及ぼす影響 $y_d(\infty)$ を求めよ。

11章

制御器の設計

はじめに

制御系設計において安定余裕の確保は重要である。そこで，一巡伝達関数のゲイン余裕と位相余裕に着目して，これらの値を調整する方法が提案されている。ここで使われるのが，位相進み補償器と位相遅れ補償器である。11.1 節では，これら補償器の基本的な構造と働きを学ぶ。11.2 節においては，古くから広く使われている制御手法である PID 制御を紹介する。PID 制御は，三つの動作から成り立っており，それぞれの動作は独自の役割を持っている。したがって，現場においての調整が容易であるという特長を有する。

11.1　進み遅れ補償器

フィードバック制御系の特性改善をする目的で制御対象に直列接続する補償器を**直列補償器**（serial compensator）と呼ぶ。本節では，直列補償器としてよく用いられる，**位相進み補償器**（phase-lead compensator）と**位相遅れ補償器**（phase-lag compensator）を紹介する。

位相進み補償器は，フィードバック制御系の一巡伝達関数の位相を進めることで位相余裕を増して安定化を図る補償に用いられる。位相進み補償器の伝達関数を次式で与える。

$$G_C(s) = \frac{1 + \alpha Ts}{1 + Ts}, \quad \alpha > 1 \tag{11.1}$$

ここで $T > 0$ と α はパラメータであり，位相特性を改善したい場所（角周波

数）と幅（範囲）を規定することができる。**図 11.1** に位相進み補償器のボード線図を示す。

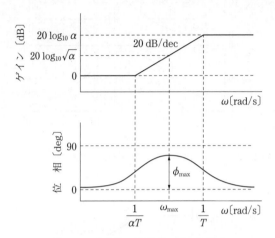

図 11.1　位相進み補償器のボード線図

図において，ω_{max} は位相が最も進む角周波数，ϕ_{max} は位相進みの最大値で，それぞれ次式となる。

$$\omega_{max} = \frac{1}{\sqrt{\alpha}\,T} \tag{11.2}$$

$$\phi_{max} = \sin^{-1}\frac{\alpha-1}{\alpha+1} \tag{11.3}$$

式(11.3)から，位相進みの最大値 ϕ_{max} は，α のみの関数であることがわかる。この式を α について解いて

$$\alpha = \frac{1+\sin\phi_{max}}{1-\sin\phi_{max}} \tag{11.4}$$

を得る。式(11.4)は，所望の位相進みの最大値 ϕ_{max} を実現するためのパラメータ α を与える式である。$T=1$，$\alpha=10$ としたとき，式(11.2)と式(11.3)から $\omega_{max}=0.316\,2$，$\phi_{max}=54.90°$ と求められる。ボード線図を**図 11.2** に示す。

位相遅れ補償器の伝達関数は

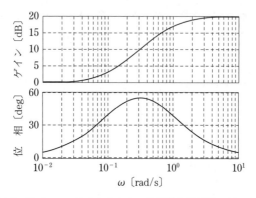

図 11.2　$T=1$，$\alpha=10$ としたときの位相進み補償器のボード線図

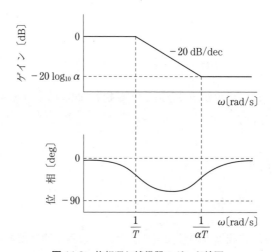

図 11.3　位相遅れ補償器のボード線図

$$G_C(s) = \frac{1+\alpha Ts}{1+Ts}, \quad 0<\alpha<1 \tag{11.5}$$

で与えられ，そのボード線図は**図 11.3** のようになる。

　位相遅れ補償器は，フィードバック制御系の一巡伝達関数の**高周波領域**（high-frequency region）におけるゲインを下げることで安定化を図る補償に用いられる。$T=1$，$\alpha=0.1$ としたときのボード線図を**図 11.4** に示す。

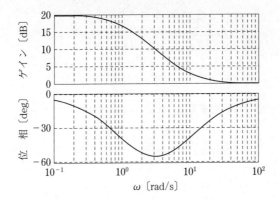

図 11.4 $T=1$, $\alpha=0.1$ としたときの位相遅れ補償器のボード線図

(さらに詳しく) ━━━━━━━━━━━━━━━━━━━━━━━━━━━━━━

以下において，式(11.2)と式(11.3)の導出を試みる。準備として，対数軸における，二つの値の中間位置の値を求めてみよう。二つの値を x と y とすれば，対数軸上のそれぞれの位置は $\log_{10} x$ と $\log_{10} y$ であるから，それらの真ん中の位置は，$(\log_{10} x + \log_{10} y)/2$ で表される。

$$\frac{1}{2}(\log_{10} x + \log_{10} y) = \frac{1}{2}\log_{10} xy = \log_{10}\sqrt{xy} \tag{11.6}$$

が成り立つので，x と y の中間位置の値は，$\sqrt{xy}$ となることがわかる。

図 11.1 に示す位相進み補償器のボード線図において，角周波数 $1/\alpha T$ と $1/T$ の対数軸上での中間位置の値は

$$\sqrt{\frac{1}{\alpha T} \times \frac{1}{T}} = \frac{1}{\sqrt{\alpha}\,T} \tag{11.7}$$

と計算されるので，式(11.2)が導出される。

つぎに，式(11.3)を導こう。式(11.1)から

$$G_C(j\omega) = \frac{1 + j\alpha\omega T}{1 + j\omega T} \tag{11.8}$$

なので，式(11.8)に式(11.2)を代入して

$$G_C(j\omega_{max}) = \frac{1 + j\alpha\dfrac{1}{\sqrt{\alpha}\,T}\,T}{1 + j\dfrac{1}{\sqrt{\alpha}\,T}\,T} = \frac{1 + j\sqrt{\alpha}}{1 + j\dfrac{1}{\sqrt{\alpha}}} \tag{11.9}$$

となる。式(11.9)の右辺を**有理化** (rationalization) しよう。

$$\frac{1 + j\sqrt{\alpha}}{1 + j\dfrac{1}{\sqrt{\alpha}}} = \frac{(1 + j\sqrt{\alpha})\left(1 - j\dfrac{1}{\sqrt{\alpha}}\right)}{\left(1 + j\dfrac{1}{\sqrt{\alpha}}\right)\left(1 - j\dfrac{1}{\sqrt{\alpha}}\right)} = \frac{1 + j\sqrt{\alpha} - j\dfrac{1}{\sqrt{\alpha}} - j^2}{1 - \left(j\dfrac{1}{\sqrt{\alpha}}\right)^2}$$

$$= \frac{2 + j\left(\sqrt{\alpha} - \dfrac{1}{\sqrt{\alpha}}\right)}{1 + \dfrac{1}{\alpha}} \tag{11.10}$$

式(11.10)の位相は，分子に着目すればよく，その実部は2，虚部は$\sqrt{\alpha} - 1/\sqrt{\alpha}$ である。複素平面上に描く三角形は**図 11.5** のようになり，斜辺の長さは $\sqrt{\alpha} + 1/\sqrt{\alpha}$ である。

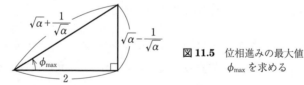

図 11.5　位相進みの最大値 ϕ_{max} を求める

図 11.5 から

$$\phi_{max} = \sin^{-1}\frac{\sqrt{\alpha} - \dfrac{1}{\sqrt{\alpha}}}{\sqrt{\alpha} + \dfrac{1}{\sqrt{\alpha}}} = \sin^{-1}\frac{\alpha - 1}{\alpha + 1} \tag{11.11}$$

の関係式が成り立つので，式(11.3)が導出される。

11.2 PID 制 御

プロセス制御の分野では，制御対象の特性を正確に把握することが難しい。さらには，操業条件や環境変化によって特性が変化する。このような状況下では，最適性の追求をあきらめる代わりに，十分実用に足る性能を発揮でき，しかも，現場でのパラメータ調整が容易に実施できる手法が望まれる。この要求に応えるのが **PID 制御**（PID control）である。

図 11.6 に PID 制御系を示す。**PID 制御装置**（PID controller）は制御対象に直列に接続され，その入力は制御偏差，出力は操作量である。制御偏差に比例した量，制御偏差を積分した量，および制御偏差を微分した量を加え合わせたものを操作量とする制御法である。制御偏差に対する 3 通りの処理方法を，**比例**（proportion），**積分**（integral），**微分**（differential, derivative）の英語表記の頭文字をとって，**P 動作**（proportional control action），**I 動作**（integral control action），**D 動作**（derivative control action）と呼ぶ。

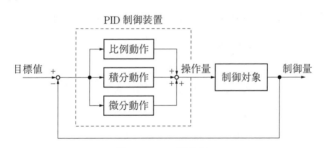

図 11.6 PID 制御系

制御偏差 $e(t)$ は，目標値 $r(t)$ と制御量 $y(t)$ との差

$$e(t) = r(t) - y(t) \tag{11.12}$$

で定義される。この制御偏差 $e(t)$ に，P 動作，I 動作，D 動作が並列にあわさって操作量 $u(t)$ を生むので，これを式で表すとつぎのようになる。

$$u(t) = K_P \left\{ e(t) + \frac{1}{T_I} \int_0^t e(\tau) d\tau + T_D \frac{de(t)}{dt} \right\} \tag{11.13}$$

ここで，K_P を**比例ゲイン**（proportional gain），T_I を**積分時間**（integral time），T_D を**微分時間**（derivative time）と呼ぶ。式(11.13)に示すように，K_P は全体のゲインとして働き，また T_I は分母の係数であることに注意されたい。初期値をゼロとして式(11.13)をラプラス変換すると

$$\frac{U(s)}{E(s)} = K_P\left(1 + \frac{1}{T_I s} + T_D s\right) \tag{11.14}$$

となる。式(11.14)が PID 制御装置 $G_C(s)$ の伝達関数である。制御対象を $G_p(s)$ で表すとき，PID 制御系のブロック線図は**図 11.7** のようになる。

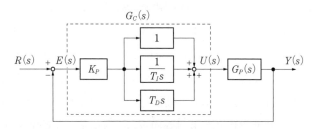

図 11.7　PID 制御系のブロック線図

式(11.14)を**通分**（reduction to common denominator）すると

$$G_C(s) = \frac{K_P + K_P T_I s + K_P T_I T_D s^2}{T_I s} \tag{11.15}$$

となる。式(11.15)から，原点に極をもつ制御装置であることがわかる。よって，制御対象が原点に零点をもたなければ，一巡伝達関数は原点に極をもつことになる。したがって，10章で習得した内部モデル原理から，図11.7の PID 制御系は，ステップ状の目標値変化およびステップ状の外乱印加に対して定常偏差を生じない制御構造であることが理解できる。

　つぎに，PID 制御装置を構成する三つの動作の働きについて考察しよう。比例，積分，微分動作は，それぞれの役割をもっている。これらの役割を理解すれば，PID 制御が広く使われている理由が納得できる。

　① 　P 動作　　P 動作では，式(11.16)に示すように制御偏差 $e(t)$ に比例ゲイン K_P を掛けて操作量を生み出す。

$$u(t) = K_P e(t) \tag{11.16}$$

制御偏差が大きなときは大きな操作量を制御対象に入力するので，制御量は目標値に向かって急速に動く。制御量が目標値に近づくにつれて制御偏差が小さくなると，それに比例して操作量もしだいに小さくなる。このように，制御偏差が大きなときは大きな力で，小さなときは小さな力で制御量を目標値に近づけようとする。それがP動作の働きである。

制御対象自身が積分特性をもたない定位系の場合，P動作だけでは一巡伝達関数に積分特性をもたせることができない。したがって，内部モデル原理から，ステップ状の目標値変化またはステップ状の外乱印加に対して定常偏差を生じる。このことは，10章においてラプラス変換の最終値の定理を用いて解析的に説明した。

② I動作　I動作では，式(11.17)に示すように制御偏差を積分して操作量を生み出す。

$$u(t) = \frac{K_P}{T_I} \int_0^t e(\tau) d\tau \tag{11.17}$$

制御偏差 $e(t)$ がある限り操作量 $u(t)$ は変化し，制御量 $y(t)$ が目標値 $r(t)$ に近づけるように働く。そして，操作量 $u(t)$ の変化が止まって一定値になったとき，それは制御偏差 $e(t)$ がゼロに落ち着いたことを意味する。この定常状態において制御量 $y(t)$ は目標値 $r(t)$ に一致している。

P動作は，制御偏差の現在値の定数倍を出力する。そのため，制御偏差がゼロになればP動作の出力もゼロになる。これに対してI動作は，制御偏差の過去から現在までの値を積分して蓄えることによって，制御量が目標値に一致して制御偏差がゼロになっても，一定の値を出力することで制御量を一定値に保持する。このようにしてI動作は定常偏差をなくす働きをする。

③ D動作　D動作では，式(11.18)に示すように制御偏差を微分して操作量を生み出す。

$$u(t) = K_P T_D \frac{de(t)}{dt} \tag{11.18}$$

制御偏差がどのような勢いで増えつつあるのか，それとも減りつつあるのかを判断し，その変化速度に応じた操作量を出力する。

制御偏差が急激に変わろうとするとき，その動きをキャッチして制御偏差の絶対値が大きくなる前に抑え込もうとする。I動作が過去の情報に基づいて定常状態における制御偏差をなくそうとする働きとは対照的に，未来の情報を先取りして過渡状態における応答の改善を図ることがD動作の使命である。

PID 制御装置のパラメータ K_P, T_I, T_D の調整には，**ジーグラ・ニコルス** (Ziegler and Nichols) によって与えられた**限界感度法** (limit sensitivity method) がある。まず，制御装置を P 動作すなわち $T_I \to \infty$, $T_D = 0$ として図 11.7 の閉ループ系を構成し，比例ゲイン K_P の値をしだいに大きくして**安定限界** (stability limit) で**持続振動** (continuous oscillation) を起こさせる。そのときのゲインが K_u, 持続振動の**周期**が P_u であったとすると，パラメータ K_P, T_I, T_D の値を**表 11.1** の公式に従って決定する。

表 11.1 限界感度法による設計公式

動作	K_P	T_I	T_D
P	$0.5K_u$	∞	0
PI	$0.45K_u$	$0.833P_u$	0
PID	$0.6K_u$	$0.5P_u$	$0.125P_u$

制御対象によっては，安定限界までゲインを大きくして持続振動を起こすことが許されない。その場合には，**ステップ応答法** (step response method) を用いる。ステップ入力に対する制御対象の立上りを

$$G_p(s) = \frac{R}{s} e^{-Ls} \tag{11.19}$$

で近似する。ここで，R は立上りの傾き，L は**むだ時間** (dead time) を表している。この特性値 R と L を用いて，パラメータ K_P, T_I, T_D の値を**表 11.2** の公式で与えている。

表 11.2 特性値 R と L によるジーグラ・ニコルスの調整則

動　作	K_P	T_I	T_D
P	$1/RL$	∞	0
PI	$0.9/RL$	$3.33L$	0
PID	$1.2/RL$	$2L$	$0.5L$

(**さらに詳しく**)　--

　以下において，**定位系**（stereotaxic system）と**無定位系**（astatic system）の説明をしよう。風車は，風を羽に受けて回る仕組みである。風が強く吹けば勢いよく回り，風が止むと慣性でしばらくは回るもののやがてその回転を停止する。これに対して，水道からバケツに水を溜めようとするときは，蛇口の栓を開いて水を出し，バケツに溜まっていく水の表面位置を目視しながら水を出し続け，目標位値になる寸前で栓を閉め始める。

　前者の操作量は風速で制御量は風車の回転速度である。このシステムを定位系といい，風速が一定であれば回転速度も一定となる。後者の操作量は栓の開度である。水道管の水圧が一定ならば栓の開度に応じた流量となり，開度を一定にすれば流量も一定になる。バケツに溜まる水の総量は蛇口から出る流量の時間積分なので，水面の位置は栓を開いている限り上がり続け，栓を閉じても一定の位置に留まる。このように，積分特性を有するシステムを無定位系という。

11.3　2自由度制御

　図 11.8 に示す制御系は，本書においてこれまでにいくども出てきたフィードバック制御系である。ここで，$R(s)$，$Y(s)$，$D(s)$ はそれぞれ，目標値，制御量，外乱を表している。また，これまで制御対象を $G_p(s)$，制御装置を $G_c(s)$ と表してきたが，本節では区別をつけやすいように，$P(s)$ と $C(s)$ で表すことにする。

　さて，図の外乱 $D(s)$ から制御量 $Y(s)$ までの伝達関数を求めよう。

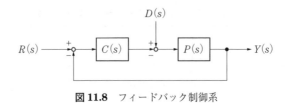

図 11.8　フィードバック制御系

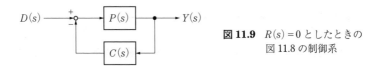

図 11.9　$R(s) = 0$ としたときの
図 11.8 の制御系

$R(s) = 0$ として図 11.8 を描きかえると**図 11.9** のようになる。

この図から，次式を得る。

$$\frac{Y(s)}{D(s)} = \frac{P(s)}{1 + C(s)P(s)} \tag{11.20}$$

つぎに，図 11.8 の目標値 $R(s)$ から制御量 $Y(s)$ までの伝達関数は，$D(s) = 0$ として**図 11.10** となることから，次式を得る。

$$\frac{Y(s)}{R(s)} = \frac{C(s)P(s)}{1 + C(s)P(s)} \tag{11.21}$$

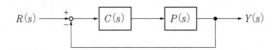

図 11.10　$D(s) = 0$ としたときの図 11.8 の制御系

　式(11.20)の伝達関数は**外乱抑制性**（disturbance suppression performance）（これをフィードバック特性と呼ぶこともある）を，また，式(11.21)の伝達関数は**目標値応答特性**（reference value response performance）を表しており，閉ループ系の特性方程式

$$1 + C(s)P(s) = 0 \tag{11.22}$$

は共通である。したがって，式(11.22)の根が安定となる条件下で制御装置 $C(s)$ を設計することになる。このとき，制御装置は一つだけなので，外乱抑制

性と目標値応答特性の一方の性能に着目して設計せざるを得ない。すなわち，
もう片方は設計の自由がなくなってしまう。

　この問題を解決するのが，つぎに挙げる**2自由度制御系**（two–degree–of–freedom control system）である。本節では代表的な二つを紹介する。**図 11.11**に示す制御系は，図 11.8 の制御系に目標値 $R(s)$ からフィードフォワード制御を追加した構造をしているので，これを**フィードフォワード型**（feedforward type）**2自由度制御系**という。$C_1(s)$ と $C_2(s)$ を区別するために，前者を**前置補償器**（precompensator），後者を**フィードフォワード補償器**（feedforward compensator）と呼ぶ。両方合わせて**制御装置**（controller）である。

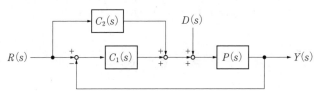

図 11.11　フィードフォワード型 2 自由度制御系

　また，**図 11.12** に示す制御系は，図 11.8 の制御系に**フィードバック補償器**（feedback compensator）$C_3(s)$ を追加していることから，**フィードバック型**（feedback type）**2自由度制御系**という。

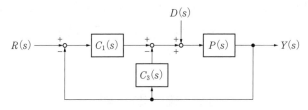

図 11.12　フィードバック型 2 自由度制御系

　図 11.11 と図 11.12 の制御系の外乱抑制性（フィードバック特性）と目標値応答特性を表す伝達関数はつぎのようになる。

【フィードフォワード型 2 自由度制御系】

$$外乱抑制性（フィードバック特性）: \frac{Y(s)}{D(s)} = \frac{P(s)}{1 + C_1(s)P(s)} \tag{11.23}$$

目標値応答特性： $\dfrac{Y(s)}{R(s)} = \dfrac{\{C_1(s) + C_2(s)\}P(s)}{1 + C_1(s)P(s)}$ (11.24)

【フィードバック型 2 自由度制御系】

外乱抑制性（フィードバック特性）： $\dfrac{Y(s)}{D(s)} = \dfrac{P(s)}{1 + \{C_1(s) + C_3(s)\}P(s)}$

                                                   (11.25)

目標値応答特性： $\dfrac{Y(s)}{R(s)} = \dfrac{C_1(s)P(s)}{1 + \{C_1(s) + C_3(s)\}P(s)}$ (11.26)

　2 自由度制御系では，外乱抑制性（フィードバック特性）と目標値応答特性を独立に設計できることが式(11.23)～(11.26) からわかる。

ま　と　め

　位相進み補償器，位相遅れ補償器を設置して制御対象の特性改善をしたあとに，これに加えて PID 制御装置を設計することがある。また，11.3 節で解説した 2 自由度制御の考えに従って，外乱抑制性と目標値応答特性を独立に設計することもある。きめ細かな設計を行うことでより好ましい制御性能を発揮する制御系の構築が期待できる。しかしながら，制御装置の構造は複雑になり，調整しなければならないパラメータの数も増えてくる。設計仕様を満たしたうえで，できるだけ簡素な制御系構成であることが望ましい。

章　末　問　題

【11.1】 　図 11.11 に示すフィードフォワード型 2 自由度制御系のブロック線図から，式(11.23)と式(11.24)を導出せよ。

【11.2】 　図 11.12 に示すフィードバック型 2 自由度制御系のブロック線図から，式(11.25)と式(11.26)を導出せよ。

12章

部分的モデルマッチング法

は じ め に

プロセス制御の分野では，入出力データを用いたシステム同定によって動特性を把握しようと試みても，正確な同定は難しい。そこで，比較的正確に測定できる低周波特性に基づいた PID 制御系の設計法が考案された。

フィードバック制御系と参照モデルを s の低次から順にマッチングさせる作業において，制御装置の複雑さに応じた次数でマッチングを中断するのが，この手法の特徴である。完全なマッチングを行わないので，この手法は**部分的モデルマッチング法**（partial model matching method）と呼ばれている。

12.1 設 計 思 想

制御対象の伝達関数は

$$G_p(s) = \frac{b_0 + b_1 s + b_2 s^2 + b_3 s^3 + \cdots}{a_0 + a_1 s + a_2 s^2 + a_3 s^3 + \cdots} \tag{12.1}$$

で与えられており，s の低次の係数 a_0, b_0, a_1, b_1 などは比較的正確に測定できているが，高次の係数は**雑音**（noise）などによって精度が劣化しているものとする。このとき，つぎの**設計仕様**（design specification）を与える。

① **定常偏差**（steady-state error）がゼロになること。

② 適切な**減衰特性**（damping characteristic）をもつこと。

③ 上記の仕様を満たしたうえで，**立上り時間**（rise time）が最小になるこ

と。

　本章では**図 12.1** に示すように，PID 制御装置の設計パラメータである，比例ゲイン K_P，積分時間 T_I，微分時間 T_D を調整することで，フィードバック制御系の目標値から制御量までの伝達関数を**参照モデル**（reference model）に**マッチング**（matching）させる手法を取る。

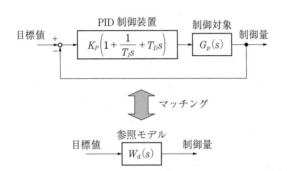

図 12.1　PID 制御系と参照モデル

好ましい応答を有する参照モデルを準備しよう。

$$W_d(s) = \frac{1}{\alpha(s)} = \frac{1}{\alpha_0 + \alpha_1\sigma s + \alpha_2\sigma^2 s^2 + \alpha_3\sigma^3 s^3 + \cdots} \tag{12.2}$$

ここで，σ は，その次数を s の次数にあわせているので，**時間スケール変換パラメータ**（time scale conversion parameter）である。しかも，**一次のモーメント**（first moment，static moment）に一致し，立上りの特性値でもある。この σ も設計時に最適に決定する。

　本章で扱う参照モデルの係数を式(12.3)に設定する。

$$\{\alpha_0, \alpha_1, \alpha_2, \alpha_3, \cdots\} = \left\{1, 1, \frac{1}{2}, \frac{3}{20}, \frac{3}{100}, \frac{3}{1\,000}, \cdots\right\} \tag{12.3}$$

$\sigma = 1$ としたときのステップ応答は**図 12.2** のようになる。

　制御装置を **PI 動作**（PI control action）にするか **PID 動作**（PID control action）にするかで，閉ループ系の伝達関数の次数は違ってくる。そこで，適当な次数で打ち切っても好ましい応答特性を有する参照モデルを用意する必要があった。図 12.2 から，実現できていることが確認される。

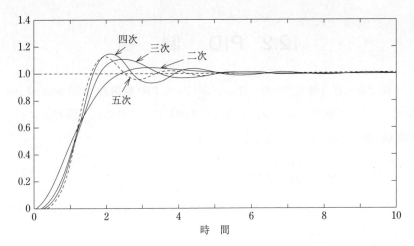

図 12.2 参照モデル（12.3）のステップ応答

> ## さらに詳しく
> ●—·

参照モデルの二次のモデルは

$$W_d(s) = \frac{1}{1 + \sigma s + 0.5\sigma^2 s^2} \tag{12.4}$$

であり，二次遅れ要素の**標準形**（canonical form）

$$G(s) = \frac{\omega_n^2}{s^2 + 2\zeta\omega_n s + \omega_n^2} = \frac{1}{1 + 2\zeta\dfrac{1}{\omega_n}s + \left(\dfrac{1}{\omega_n}\right)^2 s^2} \tag{12.5}$$

と比較すれば

$$\omega_n = \frac{\sqrt{2}}{\sigma}, \quad \zeta = \frac{1}{\sqrt{2}} \tag{12.6}$$

であることがわかる。式(12.6)を見ると，減衰係数 ζ は一定で，固有角周波数 ω_n が σ の変数になっている。このような条件下では，応答波形は時間軸だけが変わることを 7.3 節で学んでいる。すなわち，σ は時間スケールの変換パラメータである。

●—·

12.2 PID 制御

本節では，部分的モデルマッチング法による **PID 制御系**（PID control system）の設計を検討する。今後の式展開を簡単にするために，図 12.1 に示す PID 制御装置の表現を新しくしよう。

$$G_c(s) = K_P\left(1 + \frac{1}{T_I s} + T_D s\right) \tag{12.7}$$

の右辺を通分し，しかも K_P, T_I, T_D のほかに，さらに高次の微分動作も含んだ一般形として次式のように表す。

$$\frac{c(s)}{s} = \frac{c_0 + c_1 s + c_2 s^2 + c_3 s^3 + \cdots}{s} \tag{12.8}$$

PID 制御系のブロック線図を**図 12.3** に示す。

図 12.3　PID 制御系

図の目標値から制御量までの伝達関数 $W(s)$ を求めると次式のようになる。

$$W(s) = \frac{\dfrac{c(s)}{s} \cdot \dfrac{b(s)}{a(s)}}{1 + \dfrac{c(s)}{s} \cdot \dfrac{b(s)}{a(s)}} = \frac{c(s)b(s)}{sa(s) + c(s)b(s)} \tag{12.9}$$

参照モデル（12.2）の形に近づけるために，式(12.9)の分子を 1 にする。

$$W(s) = \frac{1}{1 + \dfrac{sa(s)}{c(s)b(s)}} = \frac{1}{1 + s\dfrac{h(s)}{c(s)}} \tag{12.10}$$

ただし，$h(s)$ は次式で与える。

$$h(s) = \frac{a(s)}{b(s)} = h_0 + h_1 s + h_2 s^2 + h_3 s^3 + \cdots \tag{12.11}$$

式(12.11)の $h(s)$ を使って制御対象は $1/h(s)$ で表すことができる。分子を1とし，分母の多項式だけで表すことから，この表現方法を**分母系列表現**（denominator sequence representation）という。式(12.11)の係数 h_0, h_1, … の計算方法は，本節の「さらに詳しく」で説明する。

式(12.2)と式(12.10)を等しくおくことで次式を得る。

$$1 + s\frac{h(s)}{c(s)} = \alpha(s) \tag{12.12}$$

これが所望の**モデルマッチング式**（model matching restriction）である。

式(12.12)を $c(s)$ について解く。

$$c(s) = \frac{sh(s)}{\alpha(s) - 1} \tag{12.13}$$

ここで，式(12.8)で定義したように，$c(s)$ は

$$c(s) = c_0 + c_1 s + c_2 s^2 + c_3 s^3 + \cdots \tag{12.14}$$

であるから，式(12.13)の右辺の分母を払う必要がある。

$$sh(s) = s(h_0 + h_1 s + h_2 s^2 + h_3 s^3 + \cdots) \tag{12.15}$$

この式(12.15)を

$$\alpha(s) - 1 = (1 + \sigma s + \alpha_2 \sigma^2 s^2 + \alpha_3 \sigma^3 s^3 + \cdots) - 1 \tag{12.16}$$

で割ることで，右辺も s の多項式となる。

$$c(s) = \frac{h_0}{\sigma} + \frac{1}{\sigma}(h_1 - \alpha_2 h_0 \sigma)s + \frac{1}{\sigma}\{h_2 - \alpha_2 h_1 \sigma + (\alpha_2{}^2 - \alpha_3)h_0 \sigma^2\}s^2$$

$$+ \frac{1}{\sigma}\{h_3 - \alpha_2 h_2 \sigma + (\alpha_2{}^2 - \alpha_3)h_1 \sigma^2 - (\alpha_2{}^3 - 2\alpha_2 \alpha_3 + \alpha_4)h_0 \sigma^3\}s^3$$

$$+ \cdots \tag{12.17}$$

式(12.14)と式(12.17)を s の低次の項から順に等しくおくことにより，次式が得られる。

$$c_0 = \frac{h_0}{\sigma} \tag{12.18}$$

$$c_1 = \frac{h_1}{\sigma} - \alpha_2 h_0 \tag{12.19}$$

$$c_2 = \frac{h_2}{\sigma} - \alpha_2 h_1 + (\alpha_2{}^2 - \alpha_3) h_0 \sigma \tag{12.20}$$

$$c_3 = \frac{h_3}{\sigma} - \alpha_2 h_2 + (\alpha_2{}^2 - \alpha_3) h_1 \sigma - (\alpha_2{}^3 - 2\alpha_2 \alpha_3 + \alpha_4) h_0 \sigma^2 \tag{12.21}$$

PI 動作 : $\dfrac{c(s)}{s} = \dfrac{c_0 + c_1 s}{s}$

c_2 は使わないので，式(12.20)で $c_2 = 0$ とおいた二次の方程式

$$(\alpha_2{}^2 - \alpha_3) h_0 \sigma^2 - \alpha_2 h_1 \sigma + h_2 = 0 \tag{12.22}$$

を解き，正の最小のものを採用する。その σ を使って，式(12.18)と式(12.19)から，c_0 と c_1 を求める。

PID 動作 : $\dfrac{c(s)}{s} = \dfrac{c_0 + c_1 s + c_2 s^2}{s}$

c_3 は使わないので，式(12.21)で $c_3 = 0$ とおいた三次の方程式

$$(\alpha_2{}^3 - 2\alpha_2 \alpha_3 + \alpha_4) h_0 \sigma^3 - (\alpha_2{}^2 - \alpha_3) h_1 \sigma^2 + \alpha_2 h_2 \sigma - h_3 = 0 \tag{12.23}$$

を解き，正の最小のものを採用する。その σ を使って，式(12.18)〜(12.20)から，c_0，c_1，c_2 を求める。

【**例題 12.1**】　分母系列表現で表されている制御対象

$$G_P(s) = \frac{1}{1 + 4s + 2.4s^2 + 0.448s^3 + 0.025\,6s^4} \tag{12.24}$$

に対し，PID 制御系を設計してみよう。

【**解**】 PI 動作の制御装置は

$$\frac{c(s)}{s} = \frac{c_0 + c_1 s}{s} \tag{12.25}$$

である。方程式(12.22)は次式となる。

$$0.1\sigma^2 - 2.0\sigma + 2.4 = 0 \tag{12.26}$$

解は，18.718，1.282\,2 であるから，$\sigma = 1.282\,2$ とする。この値を使って，式(12.18)

と式(12.19)から，c_0 と c_1 を求める。

$$c_0 = \frac{h_0}{\sigma} = \frac{1.0}{1.282\,2} = 0.779\,9 \tag{12.27}$$

$$c_1 = \frac{h_1}{\sigma} - \alpha_2 h_0 = \frac{4.0}{1.282\,2} - 0.5 \times 1.0 = 2.619\,6 \tag{12.28}$$

式(12.7)の表現であれば

$$K_P = c_1 = 2.619\,6 \tag{12.29}$$

$$T_I = \frac{K_P}{c_0} = \frac{2.619\,6}{0.779\,9} = 3.358\,9 \tag{12.30}$$

である。

同様に PID 動作も設計して

$$\sigma = 0.436\,5 \tag{12.31}$$

$$K_P = c_1 = 8.663\,8 \tag{12.32}$$

$$T_I = \frac{K_P}{c_0} = \frac{8.663\,8}{2.291\,0} = 3.781\,8 \tag{12.33}$$

$$T_D = \frac{c_2}{K_P} = \frac{3.541\,9}{8.663\,8} = 0.408\,8 \tag{12.34}$$

を得る。目標値をステップ状に変化させたときの制御系の時間応答を**図 12.4** に示す。

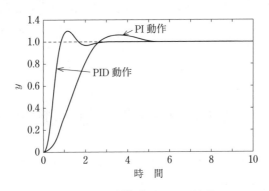

図 12.4 PID 制御系のステップ応答

▲

(さらに詳しく)　━━━━━━━━━━━━━━━━━━━━━━━━━━━

式(12.11)を計算すると次式のようになる。

$$
\begin{array}{c}
h_0 \quad\quad h_1 \quad\quad\quad\quad\quad h_2 \\
\| \quad\quad\quad \| \quad\quad\quad\quad\quad\quad \| \\
\dfrac{a_0}{b_0} + \dfrac{a_1 - b_1 h_0}{b_0}s \;+ \dfrac{a_2 - b_1 h_1 - b_2 h_0}{b_0}s^2 \;+ \cdots
\end{array}
$$

$$
b_0 + b_1 s + b_2 s^2 + \cdots \overline{\smash{\big)}\; a_0 + a_1 s \quad\quad\quad\; + a_2 s^2 \quad\quad\quad\quad\quad\quad + \cdots}
$$

$$
\underline{a_0 + b_1 h_0 s \quad\quad\quad + b_2 h_0 s^2 \quad\quad\quad\quad\quad\quad\; + \cdots}
$$

$$
0 \; + (a_1 - b_1 h_0)s + (a_2 - b_2 h_0)s^2 \quad\quad\quad\quad\quad + \cdots
$$

$$
\underline{(a_1 - b_1 h_0)s + b_1 h_1 s^2 \quad\quad\quad\quad\quad\quad\quad + \cdots}
$$

$$
0 \quad\quad\quad + (a_2 - b_1 h_1 - b_2 h_0)s^2 + \cdots
$$

$$
\underline{(a_2 - b_1 h_1 - b_2 h_0)s^2 + \cdots}
$$

$$
0 \quad\quad\quad + \cdots
$$

式(12.17)も同様である。

$$
\dfrac{h_0}{\sigma} + \dfrac{1}{\sigma}(h_1 - \alpha_2 h_0 \sigma)s + \dfrac{1}{\sigma}\{h_2 - \alpha_2 h_1 \sigma + (\alpha_2{}^2 - \alpha_3)h_0 \sigma^2\}s^2 + \cdots
$$

$$
\begin{array}{l}
\sigma + \alpha_2 \sigma^2 s \\
\;+ \alpha_3 \sigma^3 s^2 + \cdots
\end{array} \overline{\smash{\big)}\; h_0 + h_1 s \quad\quad\quad\; + h_2 s^2 \quad\quad\quad\quad\quad\quad\quad + \cdots}
$$

$$
\underline{h_0 + \alpha_2 h_0 \sigma s \quad\quad\quad + \alpha_3 h_0 \sigma^2 s^2 \quad\quad\quad\quad\quad\quad + \cdots}
$$

$$
0 \; + (h_1 - \alpha_2 h_0 \sigma)s \quad + (h_2 - \alpha_3 h_0 \sigma^2)s^2 \quad\quad\quad\quad + \cdots
$$

$$
\underline{(h_1 - \alpha_2 h_0 \sigma)s \quad + \alpha_2 (h_1 - \alpha_2 h_0 \sigma)\sigma s^2 \quad\quad + \cdots}
$$

$$
0 \quad\quad\quad\; + \{h_2 - \alpha_2 h_1 \sigma + (\alpha_2{}^2 - \alpha_3)h_0 \sigma^2\}s^2 \; + \cdots
$$

$$
\underline{\{h_2 - \alpha_2 h_1 \sigma + (\alpha_2{}^2 - \alpha_3)h_0 \sigma^2\}s^2 \; + \cdots}
$$

$$
0 \quad\quad\quad + \cdots
$$

12.3　I-PD　制　御

I 動作の直列補償器と PD 動作のフィードバック補償器を備えた**図 12.5** の構造の制御系を **I-PD 制御系**という。

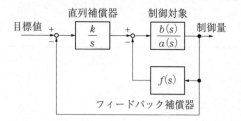

図 12.5　I-PD 制御系

一般性をもたせて，$f(s)$ を次式のように表しておく。

$$f(s) = f_0 + f_1 s + f_2 s^2 + f_3 s^3 + \cdots \tag{12.35}$$

前節と同じように，制御対象を分母系列表現にする。

$$G_P(s) = \frac{b(s)}{a(s)} = \frac{1}{h(s)} = \frac{1}{h_0 + h_1 s + h_2 s^2 + h_3 s^3 + \cdots} \tag{12.36}$$

図 12.5 の内側のフィードバックループは次式のように表すことができる。

$$\frac{\dfrac{1}{h(s)}}{1 + \dfrac{f(s)}{h(s)}} = \frac{1}{h(s) + f(s)} \tag{12.37}$$

したがって，**図 12.6** を得る。

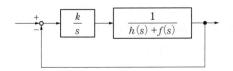

図 12.6　等価変換された
I–PD 制御系

この制御系の閉ループ伝達関数は

$$W(s) = \frac{\dfrac{k}{s\{h(s) + f(s)\}}}{1 + \dfrac{k}{s\{h(s) + f(s)\}}} = \frac{1}{1 + \dfrac{s}{k}\{h(s) + f(s)\}} \tag{12.38}$$

となる。式(12.2)と式(12.38)を等しいとおいて，つぎの**モデルマッチング式**
(model matching restriction) を得る。

$$1 + \frac{s}{k}\{h(s) + f(s)\} = \alpha(s) \tag{12.39}$$

式(12.39)は，次式のように表すことができる。

$$1 + \frac{h_0 + f_0}{k} s + \frac{h_1 + f_1}{k} s^2 + \frac{h_2 + f_2}{k} s^3 + \cdots$$

$$= 1 + \sigma s + \alpha_2 \sigma^2 s^2 + \alpha_3 \sigma^3 s^3 + \cdots \tag{12.40}$$

よって，つぎの関係式を得る。

$$\frac{h_0 + f_0}{k} = \sigma \tag{12.41}$$

$$\frac{h_1 + f_1}{k} = \alpha_2 \sigma^2 \tag{12.42}$$

$$\frac{h_2 + f_2}{k} = \alpha_3 \sigma^3 \tag{12.43}$$

$$\frac{h_3 + f_3}{k} = \alpha_4 \sigma^4 \tag{12.44}$$

…

I–P 動作：$\dfrac{k}{s}$, $f(s) = f_0$

　調整できるパラメータは，σ, k, f_0 の三つであるから，モデルマッチング式の三次まで一致させることができる。使わない f_1 と f_2 をゼロとおくと，式(12.41)〜(12.43) は次式のようになる。

$$h_0 + f_0 = k\sigma \tag{12.45}$$

$$h_1 = \alpha_2 k\sigma^2 \tag{12.46}$$

$$h_2 = \alpha_3 k\sigma^3 \tag{12.47}$$

式(12.45)〜(12.47) から，次式を得る。

$$\sigma = \frac{\alpha_2 h_2}{\alpha_3 h_1} \tag{12.48}$$

$$k = \frac{h_1}{\alpha_2 \sigma^2} \tag{12.49}$$

$$f_0 = k\sigma - h_0 \tag{12.50}$$

I–PD 動作：$\dfrac{k}{s}$, $f(s) = f_0 + f_1 s$

　調整できるパラメータは，σ, k, f_0, f_1 の四つであるから，モデルマッチング式の四次まで一致させることができる。使わない f_2 と f_3 をゼロとおく。

$$h_0 + f_0 = k\sigma \tag{12.51}$$

$$h_1 + f_1 = \alpha_2 k \sigma^2 \tag{12.52}$$

$$h_2 = \alpha_3 k \sigma^3 \tag{12.53}$$

$$h_3 = \alpha_4 k \sigma^4 \tag{12.54}$$

式(12.51)～(12.54) から，次式を得る。

$$\sigma = \frac{\alpha_3 h_3}{\alpha_4 h_2} \tag{12.55}$$

$$k = \frac{h_2}{\alpha_3 \sigma^3} \tag{12.56}$$

$$f_0 = k\sigma - h_0 \tag{12.57}$$

$$f_1 = \alpha_2 k \sigma^2 - h_1 \tag{12.58}$$

【例題 12.2】 制御対象

$$G_P(s) = \frac{1}{1 + 4s + 2.4s^2 + 0.448s^3 + 0.025\,6s^4} \tag{12.24 再掲}$$

に対し，I–PD 制御系を設計してみよう。

【解】 I–P 動作は，式(12.48)から順番に計算する。

$$\sigma = \frac{\alpha_2 h_2}{\alpha_3 h_1} = \frac{0.5 \times 2.4}{0.15 \times 4.0} = 2.0 \tag{12.59}$$

$$k = \frac{h_1}{\alpha_2 \sigma_2} = \frac{4.0}{0.5 \times 2.0^2} = 2.0 \tag{12.60}$$

$$f_0 = k\sigma - h_0 = 2.0 \times 2.0 - 1.0 = 3.0 \tag{12.61}$$

I–PD 動作は，式(12.55)から順番に計算する。

$$\sigma = \frac{\alpha_3 h_3}{\alpha_4 h_2} = \frac{0.15 \times 0.448}{0.03 \times 2.4} = 0.933\,3 \tag{12.62}$$

$$k = \frac{h_2}{\alpha_3 \sigma^3} = \frac{2.4}{0.15 \times 0.933\,3^3} = 19.681 \tag{12.63}$$

$$f_0 = k\sigma - h_0 = 19.681 \times 0.933\,3 - 1.0 = 17.369 \tag{12.64}$$

$$f_1 = \alpha_2 k \sigma^2 - h_1 = 0.5 \times 19.681 \times 0.933\,3^2 - 4.0 = 4.571\,7 \tag{12.65}$$

目標値をステップ状に変化させたときの制御系の時間応答を**図 12.7** に示す。

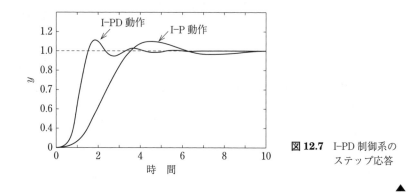

図12.7 I-PD制御系の
　　　　ステップ応答

ま　と　め

　フィードバック制御系の閉ループ伝達関数を参照モデルの伝達関数にsの低次から順にマッチングさせるのが，部分的モデルマッチング法の特徴である。PID動作で設計するときは，sの0次から三次までをマッチングさせる。時間スケールの変換パラメータσを求めるために三次の方程式(12.23)を解かなければならないが，もしも三次の方程式を解くのが面倒な場合は，制御対象の立上り時間を踏まえたうえで閉ループ系の立上り時間としての適当な値を設定してもかまわない。これは，三次のマッチングをあきらめ，sの0次から二次までをマッチングさせたことに相当する。

章　末　問　題

【12.1】　PI制御装置のボード線図を折れ線近似で描け。

【12.2】　制御対象を式(12.1)で表現したときに，sの低次の係数a_0，b_0，a_1，b_1などは比較的正確に測定できているが，高次の係数は雑音などによって精度が劣化しているものと仮定した。これは，制御対象の動特性を測定する際に避けることのできない事象である。制御対象を分母系列表現の式(12.11)で表すときも，低次の係数は比較的正確に測定できているという性質が保存されていることを示せ。

根 軌 跡 法

はじめに

制御装置のパラメータを変化させたとき，閉ループ系特性根がどのように変わるかを知ることは，制御系の安定性や応答性を検討するうえで重要である。特に，制御装置のゲイン K を変化させた場合について，閉ループ系特性根の動きを手計算で描く方法として根軌跡法が提案された。閉ループ系特性根が移動する軌跡を求めて制御系の特性を把握すれば，好ましい応答特性を有する制御系を設計することができる。

13.1 作図の基本ルール

図 10.1 に示したフィードバック制御系の一巡伝達関数が

$$G_p(s)\,G_c(s)H(s) = \frac{K(s-z_1)\,(s-z_2)\cdots(s-z_m)}{(s-p_1)\,(s-p_2)\cdots(s-p_n)} \tag{13.1}$$

の形で与えられている。ただし，$K>0$，$n>m$ とする。K は制御装置のゲインで，調整可能なパラメータである。この K を変化させたとき，閉ループ系の特性方程式

$$1+G_p(s)G_c(s)H(s) = 0 \tag{13.2}$$

の根の動きをベクトル軌跡で表したい。これを**根軌跡**（root locus）という。

上記の要求に応えるには，パラメータ K の値をゼロから少しずつ増やしながら，式(13.2)を解く方法が思いつく。もちろん，計算機を使うことになる。しかしながら，パラメータを変化させる範囲 $[0, K_{max}]$ と，きざみ幅 ΔK の適切な

値がわからない。

　根軌跡は多くの情報を与えてくれるものの，計算機を使ってもこれを描くのはやっかいである。そこで，根軌跡を手計算で描くために重要な手掛かりとなる性質をまとめたのが**根軌跡法**（root locus method）である。

　根軌跡法は，つぎの6項目に整理することができる。

① 　実軸に対して対称である。

② 　一巡伝達関数の極から出発して，m個は零点に収束し残りは無限遠に発散する。

③ 　実軸上の軌跡は，その区間の右実軸上に奇数個の極，零点を数える部分である。

④ 　無限遠に発散する特性根は，傾きが

$$\theta = \frac{N\pi}{n-m}, \quad N = \pm 1,\ \pm 3,\ \cdots \tag{13.3}$$

である直線に漸近する。これらの特性根を質点と見立てたときの重心は

$$\sigma_c = \frac{1}{n-m}\left(\sum_{i=1}^{n} p_i - \sum_{i=1}^{m} z_i\right) \tag{13.4}$$

となる。

⑤ 　分岐点では次式を満たす。

$$\frac{1}{s-p_1} + \cdots + \frac{1}{s-p_n} - \frac{1}{s-z_1} - \cdots - \frac{1}{s-z_m} = 0 \tag{13.5}$$

⑥ 　虚軸との交点は，ラウス・フルビッツの安定判別法から求められる。

（　さらに詳しく　）━━━━━━━━━━━━━━━━━━━━━━━━

　式(13.1)を式(13.2)に代入する。

$$\frac{K(s-z_1)(s-z_2)\cdots(s-z_m)}{(s-p_1)(s-p_2)\cdots(s-p_n)} = -1 \tag{13.6}$$

これは，次式のように表すことができる。

$$\frac{(s-p_1)(s-p_2)\cdots(s-p_n)}{(s-z_1)(s-z_2)\cdots(s-z_m)} = -K = Ke^{jN\pi}, \quad N = \pm1, \pm3, \cdots \quad (13.7)$$

上式は**複素方程式**（complex equation）なので，ゲインと位相に分けて扱うことにする。

$$\frac{|s-p_1||s-p_2|\cdots|s-p_n|}{|s-z_1||s-z_2|\cdots|s-z_m|} = K \quad (13.8)$$

$$\angle(s-p_1) + \cdots + \angle(s-p_n) - \angle(s-z_1) - \cdots - \angle(s-z_m) = N\pi,$$
$$N = \pm1, \pm3, \cdots \quad (13.9)$$

式(13.8)を**ゲイン条件式**（gain condition），式(13.9)を**位相条件式**（phase condition）といい，これら二つの条件式を満たす s が閉ループ系の特性根であり，K をゼロから無限大まで変化させたときの軌跡が根軌跡である。

13.2　数　値　例

13.1節で習得した根軌跡法を使ってみよう。

【例題 13.1】 　図 **13.1** に示したフィードバック制御系において，制御装置のゲイン K を $0 \to \infty$ に変化させたときの根軌跡を描いてみよう。

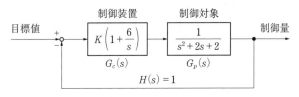

図 13.1　フィードバック制御系

【解】 一巡伝達関数は

$$G_p(s)G_c(s)H(s) = \frac{K(s+6)}{s(s^2+2s+2)} \quad (13.10)$$

である。まず，次数差，極，零点をまとめる。

$$n - m = 2 \tag{13.11}$$

$$p_1 = 0, \quad p_{2,3} = -1 \pm j, \quad z_1 = -6 \tag{13.12}$$

　性質②：3個の特性根は，式(13.12)に示す極を出発し，$K = \infty$ で1個は -6 に収束し，残りの2個は発散する。

　性質③：実軸上には極と零点を合わせて2個存在している。「その区間の右実軸上に奇数個の極，零点を数える部分」は，$p_1 = 0$ と $z_1 = -6$ とで区切られた区間を意味する。ここまでを**図 13.2** に示す。

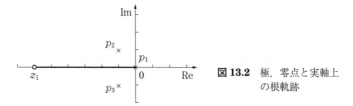

図 13.2　極，零点と実軸上の根軌跡

　性質④：漸近線の角度と重心を求める。

$$\theta = \frac{N\pi}{2}, \quad N = \pm 1, \pm 3, \cdots \tag{13.13}$$

であるから，$\theta = \pm \pi/2$ の角度をもつ漸近線である。また，重心は

$$\sigma_c = \frac{1}{2} \{0 + (-1+j) + (-1-j) - (-6)\} = 2 \tag{13.14}$$

と求められる。したがって，漸近線は**図 13.3** となる。

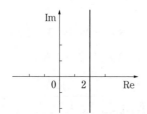

図 13.3　漸近線

　ここまでに作成した二つの図から，つぎのことがわかる。$p_1 = 0$ を出発した根軌跡は，実軸から離れることなく移動して $z_1 = -6$ に収束する。一方，$p_{2,3} = -1 \pm j$ を出発した2本の根軌跡は，性質①からつねに実軸対称を保ったまま，虚軸を交差して漸近線に近づいていく。したがって，分岐点を計算する必要はない。

　性質⑥：虚軸との交点を求める。特性方程式は

$$1 + \frac{K(s+6)}{s(s^2 + 2s + 2)} = 0 \tag{13.15}$$

で与えられるから，式(13.15)の分母を払って次式のようになる。

$$s^3 + 2s^2 + (K+2)s + 6K = 0 \tag{13.16}$$

ラウス表は，つぎのようになる。

s^3 行	1	$K+2$	0
s^2 行	2	$6K$	0
s^1 行	$\dfrac{2(K+2)-6K}{2}$	0	
s^0 行	$6K$		

　最左端の列の要素から，制御系が安定となるのは $0<K<1$ で，安定限界は $K=0$ と $K=1$ のときであることがわかる。$K=0$ は，根軌跡の出発点であり，制御装置のゲインがゼロで，制御ループが切れている。

　虚軸と交わるのは，$K=1$ のときである。このときの特性根は，補助方程式から計算できることは，8 章で学んだ。s^2 行から，つぎの補助方程式を作る。

$$2s^2 + 6 = 0 \tag{13.17}$$

これを解いて，$s = \pm j\sqrt{3}$ を得る。これが，虚軸との交点である。

　根軌跡法を用いて得られる情報はこれがすべてであって，通常はここまでである。今回は，複素共役根でつくる 2 本の根軌跡が出発点からどの方向に動き出すかを調べることとする。それには，位相条件式(13.9)を使う。

　出発点の向き：位相条件式は軌跡上の任意の s について成り立つ。

$$\angle(s-p_1) + \cdots + \angle(s-p_n) - \angle(s-z_1) - \cdots - \angle(s-z_m) = N\pi,$$
$$N = \pm 1, \pm 3, \cdots \tag{13.9 再掲}$$

図 13.4 に示すように，極 p_2 から離れたばかりの，ごく近傍の特性根 s を考えると，位相条件式(13.9)は次式となる。

$$\angle(s-p_1) + \angle(s-p_2) + \angle(s-p_3) - \angle(s-z_1) = N\pi,$$
$$N = \pm 1, \pm 3, \cdots \tag{13.18}$$

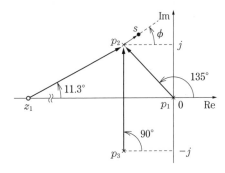

図 13.4　出発点の傾き

このとき，例えば，p_1 から見た s の角度 $\angle(s-p_1)$ は，$\angle(p_2-p_1)$ で近似できて，その値は 135° である。すると，式(13.18)は次式のようになる。

$$\angle(p_2-p_1) + \angle(s-p_2) + \angle(p_2-p_3) - \angle(p_2-z_1)$$
$$= 135° + \phi + 90° - 11.3° = 180° \times N, \quad N = \pm1, \pm3, \cdots \tag{13.19}$$

ここで，ϕ は，極 p_2 を離れるときの角度である。式(13.19)において $N=1$ が適当であり，ϕ を求めると次式となる。

$$\phi = -33.7° \tag{13.20}$$

これより，極 p_2 を出発する特性根の動きは**図 13.5** のようになる。全体の根軌跡を**図 13.6** に示す。

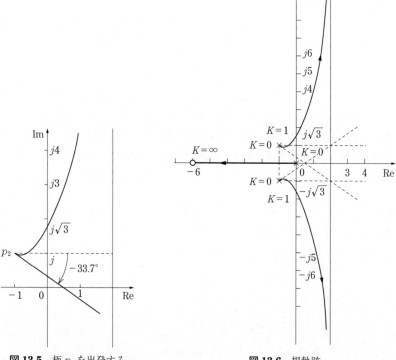

図 13.5　極 p_2 を出発する
特性根の動き

図 13.6　根軌跡

ま　と　め

　閉ループ系の特性方程式が二次以下であれば，パラメータ K を含んだまま根を求めることで，あるいは，ゲイン条件式と位相条件式に基づいて，根軌跡を描くことができる。しかしながら，三次以上となれば計算機に頼るしかない。根軌跡法は，ラウス・フルビッツの安定判別法と同様に，計算機が普及していなかった時代に考案された。高性能 PC が安く手に入る現代において，これらの手法は無用の長物かというと，そうではない。うまく使えば力強くて有用な設計ツールとなる。われわれは，貴重な遺産を確実に継承していかなければならない。

14章

総　合　演　習

は　じ　め　に

　これまでの各章においては，題目として挙げたテーマの解説をしたあと，章末問題で理解を深めてきた。この章の総合演習では，一つの章だけでは収まらないような総合的な設計例を扱う。

　設計例 ① では，PI 制御装置（PI 動作の PID 制御装置）の二つの設計パラメータの調整可能範囲を安定判別法を用いて求める。

　設計例 ② では，フィードバック制御が本来もっている効果を，一次遅れ要素を制御対象にして定量的に評価する。

　設計例 ③ では，設計仕様として閉ループ系の固有角周波数と減衰係数の値が与えられたときの，PI 制御装置の設計パラメータを求める。

　設計例 ④ では，簡単な電気回路で PID 制御装置を近似的に作製する。

14.1　設計例①：安定判別法を用いて制御系を安定化する範囲を求める

　図 14.1 に示すフィードバック制御系は，PID 制御を PI 動作で実現した場合であり，図中の K_P は比例ゲイン，T_I は積分時間である。このフィードバック

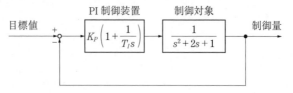

図 14.1　設計パラメータをもつフィードバック制御系

制御系を安定にする，PI 制御装置の設計パラメータ K_P，T_I の条件をラウス・フルビッツの安定判別法を用いて求めよう。

目標値から制御量までの閉ループ伝達関数 $W(s)$ を計算すると次式のようになる。

$$W(s) = \cfrac{\cfrac{K_P T_I s + K_P}{T_I s} \times \cfrac{1}{s^2 + 2s + 1}}{1 + \cfrac{K_P T_I s + K_P}{T_I s} \times \cfrac{1}{s^2 + 2s + 1}}$$

$$= \frac{K_P T_I s + K_P}{T_I s (s^2 + 2s + 1) + K_P T_I s + K_P}$$

$$= \frac{K_P T_I s + K_P}{T_I s^3 + 2T_I s^2 + (K_P T_I + T_I)s + K_P} \tag{14.1}$$

したがって，この制御系の特性方程式は

$$s^3 + 2s^2 + (1 + K_P)s + \frac{K_P}{T_I} = 0 \tag{14.2}$$

となる。式(14.2)をみると，s の一次の項にパラメータ K_P があり，定数の項では，パラメータ T_I が分母にある。この形のままでラウス・フルビッツの安定判別法を適用するのは得策ではない。

そこで，12 章の部分的モデルマッチング法で使った PID 制御装置 $G_C(s)$ の表現法を使うことにする。このときの PI 動作は

$$G_C(s) = \frac{c_0 + c_1 s}{s} \tag{14.3}$$

と表した。パラメータ c_0 が I 動作，パラメータ c_1 が P 動作を担っている。図14.1 のブロックでは同じ制御装置を

$$G_C(s) = K_P \left(1 + \frac{1}{T_I s} \right) \tag{14.4}$$

と表したので，式(14.3)と式(14.4)から，次式を導くことができる。

$$c_0 = \frac{K_P}{T_I} \tag{14.5}$$

$$c_1 = K_P \tag{14.6}$$

式(14.5)と式(14.6)を式(14.2)に代入して変数変換すると

$$s^3 + 2s^2 + (1+c_1)s + c_0 = 0 \tag{14.7}$$

となり，ずいぶんと扱いやすくなった。以下においては，特性方程式(14.7)に
ラウス・フルビッツの安定判別法を適用する。

ラウス表は，つぎのようになる。

s^3行	1	$1+c_1$
s^2行	2	c_0
s^1行	$\dfrac{2(1+c_1)-c_0}{2}$	0
s^0行	c_0	

ラウス表から，制御系を安定化するための必要十分条件を導くことができる。

$$2 + 2c_1 - c_0 > 0 \tag{14.8}$$

$$c_0 > 0 \tag{14.9}$$

不等式(14.8)は，次式のように表すことができる。

$$c_0 < 2c_1 + 2 \tag{14.10}$$

式(14.9)と式(14.10)が示す範囲を図に表すと**図 14.2** となる。

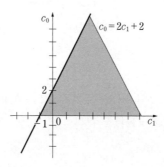

図 14.2　パラメータ c_0 と c_1 が
満たすべき条件

さらに詳しく ━━━━━━━━━━━━━━━━━━━━━━━━━━━━

　システムが安定であるための必要条件から，特性方程式の係数はすべて正でなければならない。この設計問題では，式(14.7)から

$$1 + c_1 > 0 \tag{14.11}$$

$$c_0 > 0 \tag{14.12}$$

が安定であるための必要条件である。上記二つの不等式が成り立っていることは，図14.2から確認できる。すなわち，図14.2に示す範囲は，必要十分条件から求めたので，式(14.11)と式(14.12)を満たしているのは当然である。

　例えば，$c_0 = 1$，$c_1 = 1$ は，図14.2の範囲内の値である。このときの比例ゲイン K_P と積分時間 T_I は

$$K_P = 1, \quad T_I = 1 \tag{14.13}$$

であって，特性方程式は次式となる。

$$s^3 + 2s^2 + 2s + 1 = 0 \tag{14.14}$$

　式(14.14)の特性根は

$$\lambda_1 = -1, \quad \lambda_{2,3} = \frac{-1 \pm j\sqrt{3}}{2} \tag{14.15}$$

であって，制御系は安定となる。

　また，$c_0 = 5$，$c_1 = 1$ は，図14.2の範囲外の値である。このときの比例ゲイン K_P と積分時間 T_I は

$$K_P = 1, \quad T_I = \frac{1}{5} \tag{14.16}$$

であって，特性方程式は次式となる。

$$s^3 + 2s^2 + 2s + 5 = 0 \tag{14.17}$$

　式(14.17)の特性根は

$$\lambda_1 = -2.15, \quad \lambda_{2,3} = 0.075\,5 \pm j1.52 \tag{14.18}$$

であって，制御系は不安定となる。

━━━━━━━━━━━━━━━━━━━━━━━━━━━━━━━━━━━━━━━

14.2　設計例 ② : フィードバック制御の効果を 定量的に評価する

　図 **14.3** に示す制御対象は, 定常ゲインが 1, 時定数が T であり, 比例ゲイン K の P 動作制御でフィードバック制御系を構成している。ただし, T, K ともに正の値を取るとする。

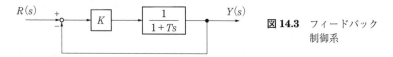

図 14.3　フィードバック 制御系

　制御対象は一次遅れ要素

$$G_P(s) = \frac{1}{1 + Ts} \tag{14.19}$$

であり, この時間応答特性に関しては, 7.1 節で学習した。すなわち図 7.1 に示したように, 単位ステップ応答 $y(t)$ は, 時間 $t = T$ のときに 0.632 に達し, その後ゆるやかに定常値である 1.0 に漸近する。

　以下において, 制御対象 $G_P(s)$ の特性が, フィードバック制御によってどのように変わるかを調べてみよう。図 14.3 に示すフィードバック制御系について, 目標値 $R(s)$ から制御量 $Y(s)$ までの閉ループ伝達関数 $W(s)$ を求めると次式のようになる。

$$W(s) = \frac{\dfrac{K}{1 + Ts}}{1 + \dfrac{K}{1 + Ts}} = \frac{K}{1 + K + Ts} \tag{14.20}$$

　式 (14.20) を $K'/(1 + T's)$ の形に書き直すには, 分母分子を $1 + K$ で割ればよい。

$$W(s) = \frac{\dfrac{K}{1 + K}}{1 + \dfrac{T}{1 + K}s} \tag{14.21}$$

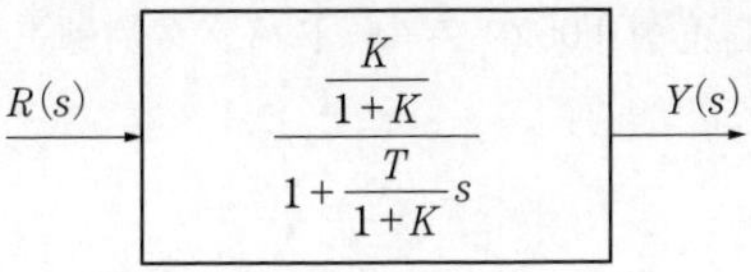

図 14.4 フィードバック制御系 $R(s)$ から $Y(s)$ までのブロック線図

目標値 $R(s)$ から制御量 $Y(s)$ までのブロック線図を**図 14.4** に示す。

式 (14.19) と式 (14.21) を比較すると，フィードバック制御を施すことで，定常ゲインは 1 から $K/(1+K)$ に，時定数は T から $T/(1+K)$ に変化している。フィードバック制御の効果を数値例で確認してみよう。

閉ループ系の特性根は，実根 $\lambda = -(1+K)/T$ であって，T, K ともに正なので閉ループ系はつねに安定である。時定数を $T = 10$，P 動作のゲインを $K = 1$ とするとき，制御対象は

$$G_P(s) = \frac{1}{1+10s} \tag{14.22}$$

であり，フィードバック制御系は

$$W(s) = \frac{0.5}{1+5s} \tag{14.23}$$

となる。すなわち，単位ステップ状の目標値変化に対して，制御対象自体の時定数の半分の時間で応答するものの，定常偏差が 0.5 残ることがわかる。

$K = 4$, $K = 9$ にすると，それぞれ次式のようになる。

$$W(s) = \frac{0.8}{1+2s} \tag{14.24}$$

$$W(s) = \frac{0.9}{1+s} \tag{14.25}$$

時定数はそれぞれ，1/5, 1/10 となって，大幅に応答がよくなる。しかも定常偏差は，0.2, 0.1 に減り，ゲイン K を大きくすることによる特性改善を確認できる。最後に，$K = 19$ に設定すると

$$W(s) = \frac{0.95}{1+0.5s} \tag{14.26}$$

となるので，時定数が1/20，また，定常偏差が0.05のフィードバック制御系を
構成できることがわかる。

14.3 設計例 ③：閉ループ系の固有角周波数, 減衰係数を決める

図 14.5 に示すフィードバック制御系は，PID 制御を PI 動作で実現したもの
である。PI 制御装置は，調整可能な設計パラメータとして，比例ゲイン K_P と
積分時間 T_I を有している。

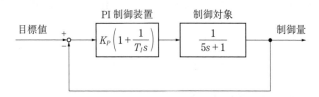

図 14.5 設計パラメータをもつフィードバック制御系

この制御系の特性として，固有角周波数 $\omega_n = 2$ rad/s，減衰係数 $\zeta = 0.8$ にす
る，K_P と T_I の値を求めてみよう。

目標値から制御量までの閉ループ伝達関数 $W(s)$ を計算すると次式のように
なる。

$$W(s) = \frac{\dfrac{K_P(T_I s + 1)}{T_I s} \times \dfrac{1}{5s + 1}}{1 + \dfrac{K_P(T_I s + 1)}{T_I s} \times \dfrac{1}{5s + 1}} = \frac{K_P T_I s + K_P}{T_I s (5s + 1) + K_P T_I s + K_P}$$

$$= \frac{K_P T_I s + K_P}{5 T_I s^2 + (1 + K_P) T_I s + K_P} \tag{14.27}$$

したがって，特性方程式は

$$s^2 + \frac{1}{5}(1 + K_P)s + \frac{K_P}{5 T_I} = 0 \tag{14.28}$$

となることがわかる。

二次遅れ要素の標準形は次式で与えられる。

$$G(s) = \frac{\omega_n^2}{s^2 + 2\zeta\omega_n s + \omega_n^2} \tag{14.29}$$

その特性方程式は

$$s^2 + 2\zeta\omega_n s + \omega_n^2 = 0 \tag{14.30}$$

である。式(14.30)の左辺である特性多項式に題意の数値，$\omega_n = 2$，$\zeta = 0.8$ を代入すると次式のようになる。

$$s^2 + 2\zeta\omega_n s + \omega_n^2 = s^2 + 2 \times 0.8 \times 2 \times s + 2^2 = s^2 + 3.2s + 4 \tag{14.31}$$

式(14.28)の左辺と式(14.31)を等しいとおくことで，つぎの**恒等式**（identity）を得る。

$$s^2 + \frac{1}{5}(1 + K_P)s + \frac{K_P}{5T_I} \equiv s^2 + 3.2s + 4 \tag{14.32}$$

係数比較法（coefficient comparison method）より，つぎの連立方程式

$$\frac{1}{5}(1 + K_P) = 3.2 \tag{14.33}$$

$$\frac{K_P}{5T_I} = 4 \tag{14.34}$$

を得る。この連立方程式を解いて

$$K_P = 15 \tag{14.35}$$

$$T_I = 0.75 \tag{14.36}$$

となる。

14.4　設計例 ④：電気回路で PID 制御装置を作る

【例題 14.1】　図 **14.6** は，調節計の演算回路によく用いられるブロック線図を示している。つぎの問いに答えよ。

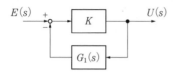

図 **14.6** 調節計の演算回路の
基本構成

（**a**）　**図 14.7** に示す，抵抗値 R〔Ω〕の抵抗と静電容量 C〔F〕のコンデンサか
らなる RC 回路は，図 14.6 のブロック $G_1(s)$ で用いる回路である。入力信号を
電圧 $v_i(t)$〔V〕，出力信号を電圧 $v_o(t)$〔V〕とするときの伝達関数 $G_1(s)$ を求めて
みよう。

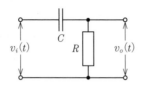

図 **14.7**　RC 回路 1

（**b**）　上記 (a) の $G_1(s)$ を用いるときの図 14.6 の $E(s)$ から $U(s)$ までの閉ルー
プ伝達関数を求めよ。また，ゲイン K が非常に大きな値を取るとき，この演算
回路が比例プラス積分要素に近似できることを示せ。

【解】

（**a**）　RC 直列回路を流れる電流を $i(t)$〔A〕とする。**図 14.8** から明らかなように，
コンデンサの両端に掛かる電圧と $v_o(t)$ の和が $v_i(t)$ であるので，次式が成り立つ。

$$\frac{1}{C}\int_0^t i(\tau)d\tau + v_o(t) = v_i(t) \tag{14.37}$$

また，抵抗に関して次式が成り立つ。

$$i(t) = \frac{v_o(t)}{R} \tag{14.38}$$

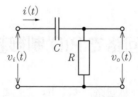

図 **14.8**　RC 回路 1

式 (14.37) と式 (14.38) をラプラス変換する。

$$\frac{1}{Cs}I(s) + V_o(s) = V_i(s) \tag{14.39}$$

$$I(s) = \frac{V_o(s)}{R} \tag{14.40}$$

式(14.40)を式(14.39)に代入すると次式のようになる。

$$V_o(s) + RCsV_o(s) = RCsV_i(s) \tag{14.41}$$

よって，伝達関数 $G_1(s)$ は

$$G_1(s) = \frac{V_o(s)}{V_i(s)} = \frac{RCs}{1 + RCs} \tag{14.42}$$

となる。

(**b**) 閉ループ伝達関数 $G(s)$ は次式で表すことができる。

$$G(s) = \frac{K}{1 + KG_1(s)} \tag{14.43}$$

式(14.43)の分母分子を K で割る。

$$G(s) = \frac{1}{\dfrac{1}{K} + G_1(s)} \tag{14.44}$$

題意から，K が非常に大きな値のときは $1/K \approx 0$ となるから，式(14.44)は次式のようになる。

$$G(s) = \frac{1}{\dfrac{1}{K} + G_1(s)} \approx \frac{1}{G_1(s)} = \frac{1 + RCs}{RCs} = 1 + \frac{1}{RCs} \tag{14.45}$$

式(14.45)から，比例プラス積分要素になっていることがわかる。　　　▲

【例題 14.2】

(**a**) **図 14.9** に示す RC 回路は，図 14.6 のブロック $G_1(s)$ で用いる回路である。入力信号を電圧 $v_i(t)$〔V〕，出力信号を電圧 $v_o(t)$〔V〕とするときの伝達関数 $G_1(s)$ を求めてみよう。

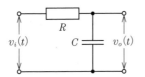

図 14.9 RC 回路 2

(**b**) 上記 (a) の $G_1(s)$ を用いるときの閉ループ伝達関数を求めよ。また，ゲイン K が非常に大きな値を取るとき，この演算回路が比例プラス微分要素に

近似できることを示せ。

【解】

（**a**）　RC 直列回路を流れる電流を $i(t)$〔A〕とする。**図 14.10** から明らかなように，抵抗の両端に掛かる電圧と $v_o(t)$ の和が $v_i(t)$ であるので，次式が成り立つ。

$$Ri(t) + v_o(t) = v_i(t) \tag{14.46}$$

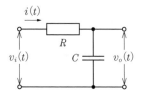

図 14.10　RC 回路 2

また，コンデンサに関して次式が成り立つ。

$$v_o(t) = \frac{1}{C} \int_0^t i(\tau) d\tau \tag{14.47}$$

式(14.46)と式(14.47)をラプラス変換する。

$$RI(s) + V_o(s) = V_i(s) \tag{14.48}$$

$$V_o(s) = \frac{1}{Cs} I(s) \tag{14.49}$$

式(14.49)を式(14.48)に代入すると次式のようになる。

$$RCsV_o(s) + V_o(s) = V_i(s) \tag{14.50}$$

よって，伝達関数 $G_1(s)$ は次式となる。

$$G_1(s) = \frac{V_o(s)}{V_i(s)} = \frac{1}{1 + RCs} \tag{14.51}$$

（**b**）　K が非常に大きな値のときは $1/K \approx 0$ となるから，閉ループ伝達関数 $G(s)$ は次式のようになる。

$$G(s) = \frac{1}{\dfrac{1}{K} + G_1(s)} \approx \frac{1}{G_1(s)} = 1 + RCs \tag{14.52}$$

式(14.52)から，比例プラス微分要素になっていることがわかる。　　　▲

【例題 14.3】

（**a**）　**図 14.11** に示す RC 回路は，図 14.6 のブロック $G_1(s)$ で用いる回路である。入力信号を電圧 $v_i(t)$〔V〕，出力信号を電圧 $v_o(t)$〔V〕とするときの伝達関数 $G_1(s)$ を求めてみよう。

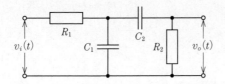

図 **14.11** *RC* 回路 3

（**b**）　上記（a）の $G_1(s)$ を用いるときの閉ループ伝達関数を求めよ。また，ゲイン K が非常に大きな値を取るとき，この演算回路が PID 制御装置に近似できることを示せ。

【解】

（**a**）　図 **14.12** に示すように，R_1 を流れる電流を $i_1(t)$ 〔A〕とし，$i_1(t)$ は分流して，C_1 と C_2 にそれぞれ $i_C(t)$，$i_2(t)$ が流れる。また，コンデンサ C_1 の両端にかかる電圧を $v_C(t)$ とする。

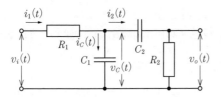

図 **14.12** *RC* 回路 3

電流 $i_C(t)$，$i_2(t)$ に関して，それぞれ次式が成り立つ。

$$i_C(t) = C_1 \frac{dv_C(t)}{dt} \tag{14.53}$$

$$i_2(t) = \frac{v_o(t)}{R_2} \tag{14.54}$$

$i_1(t) = i_C(t) + i_2(t)$ であるから，$R_1 C_1$ 回路について，次式が成り立つ。

$$R_1 \{i_C(t) + i_2(t)\} + v_C(t) = v_i(t) \tag{14.55}$$

式(14.55)に，式(14.53)と式(14.54)を代入して次式を得る。

$$R_1 \left\{ C_1 \frac{dv_C(t)}{dt} + \frac{v_o(t)}{R_2} \right\} + v_C(t) = v_i(t) \tag{14.56}$$

また，$R_2 C_2$ 回路については

$$\frac{1}{C_2} \int_0^t i_2(\tau) d\tau + v_o(t) = v_C(t) \tag{14.57}$$

が成り立つ。式(14.56)，式(14.57)と式(14.54)をラプラス変換するとそれぞれ次式のようになる。

$$R_1 \left\{ C_1 s V_C(s) + \frac{V_o(s)}{R_2} \right\} + V_C(s) = V_i(s) \tag{14.58}$$

$$\frac{1}{C_2 s} I_2(s) + V_o(s) = V_C(s) \tag{14.59}$$

$$I_2(s) = \frac{V_o(s)}{R_2} \tag{14.60}$$

まず，式(14.60)を式(14.59)に代入する。

$$\frac{1}{R_2 C_2 s} V_o(s) + V_o(s) = V_C(s) \tag{14.61}$$

また，式(14.58)は，次式のように表すことができる。

$$(1 + R_1 C_1 s) V_C(s) + \frac{R_1}{R_2} V_o(s) = V_i(s) \tag{14.62}$$

式(14.61)と式(14.62)から $V_C(s)$ を消去する。

$$(1 + R_1 C_1 s) \left\{ \frac{1}{R_2 C_2 s} + 1 \right\} V_o(s) + \frac{R_1}{R_2} V_o(s) = V_i(s)$$

$$\therefore (1 + R_1 C_1 s)(1 + R_2 C_2 s) V_o(s) + R_1 C_2 s V_o(s) = R_2 C_2 s V_i(s) \tag{14.63}$$

入力信号 $V_i(s)$ から出力信号 $V_o(s)$ までの伝達関数 $G_1(s)$ は次式のようになる。

$$G_1(s) = \frac{V_o(s)}{V_i(s)} = \frac{R_2 C_2 s}{(R_1 C_1 s + 1)(R_2 C_2 s + 1) + R_1 C_2 s} \tag{14.64}$$

(b)　K が非常に大きな値のときは $1/K \approx 0$ となるから，閉ループ伝達関数 $G(s)$ は次式のようになる。

$$G(s) = \frac{1}{\dfrac{1}{K} + G_1(s)} \approx \frac{1}{G_1(s)} \tag{14.65}$$

式(14.64)の分母を s について展開し，整理する。

$$(R_1 C_1 s + 1)(R_2 C_2 s + 1) + R_1 C_2 s$$
$$= R_1 R_2 C_1 C_2 s^2 + (R_1 C_1 + R_1 C_2 + R_2 C_2)s + 1 \tag{14.66}$$

となるから，式(14.65)は次式となる。

$$\frac{1}{G_1(s)} = R_1 C_1 s + \frac{R_1 C_1 + R_1 C_2 + R_2 C_2}{R_2 C_2} + \frac{1}{R_2 C_2 s} \tag{14.67}$$

式(14.67)から，この演算回路は PID 制御装置に近似できていることがわかる。　▲

ま　と　め

これまでに学習してきたすべての知識を動員しなければ，この章に設けた総合演習を解くことはできない。知識があやふやなときは，当該テーマを解説し

ている章を復習してから取り組むことが望ましい。四つの設計例を解くことにより新たな発見があり，また，新たな知見を得ることができたと思う。

　知識を確実に自分のものとし，それを使うことができたとき，その知識は知恵となる。

参 考 文 献

1) 示村悦二郎：自動制御とはなにか，コロナ社 (1990)
2) 森 泰親：演習で学ぶ基礎制御工学，森北出版 (2004)
3) 長谷川健介：基礎制御理論 [I]，昭晃堂 (1981)
4) Benjamin C. Kuo: Automatic Control Systems, Second Edition, Prentice Hall, Inc, Maruzen Co., Ltd. (1967)
5) 北森俊行：制御対象の部分的知識に基づく制御系の設計法，計測自動制御学会論文集，**15**，4，pp. 549–555 (1979)
6) 北森俊行：PID，I–PD 制御からの発展の道，システムと制御，**27**，5，pp. 287–294 (1983)
7) 北森俊行：制御系の設計，オーム社 (1991)
8) 森 泰親：大学講義シリーズ 制御工学，コロナ社 (2001)
9) 森 泰親：演習で学ぶ PID 制御，森北出版 (2009)

章末問題の解答

[1.1]

台車 M_1 には図の右向きに働く外力 $f(t)$ のほかに，ばね K_1 による制動力とダッシュポット D_1 による制動力が図の左向きに働く。台車 M_2 に対する台車 M_1 の相対変位は $x_1(t) - x_2(t)$ であり，同相対速度 $v(t)$ は

$$v(t) = \frac{d\{x_1(t) - x_2(t)\}}{dt} \tag{A1.1}$$

である。したがって，台車 M_1 の運動方程式は次式のようになる。

$$M_1 \frac{d^2 x_1(t)}{dt^2} = f(t) - K_1\{x_1(t) - x_2(t)\} - D_1 \frac{d\{x_1(t) - x_2(t)\}}{dt} \tag{A1.2}$$

台車 M_1 に働く制動力と，台車 M_2 に図の右向きに働く駆動力がつり合っている。加えて，台車 M_2 には，ばね K_2 による制動力とダッシュポット D_2 による制動力が図の左向きに働く。したがって，台車 M_2 の運動方程式は次式のようになる。

$$M_2 \frac{d^2 x_2(t)}{dt^2} = K_1\{x_1(t) - x_2(t)\} + D_1 \frac{d\{x_1(t) - x_2(t)\}}{dt}$$

$$- K_2 x_2(t) - D_2 \frac{dx_2(t)}{dt} \tag{A1.3}$$

式 (A1.2) と式 (A1.3) が図 1.12 に示す機械振動系の動特性を表す運動方程式である。

▲

[1.2]

$R_1 L_1$ 回路について次式が成り立つ。

$$v_1(t) = v_2(t) + L_1 \frac{di_1(t)}{dt} \tag{A1.4}$$

ここで，$i_1(t)$ は

$$i_1(t) = \frac{v_2(t)}{R_1} + i_2(t) \tag{A1.5}$$

であるから，式 (A1.5) を式 (A1.4) に代入して次式のようになる。

$$v_1(t) = v_2(t) + L_1 \frac{d}{dt}\left(\frac{v_2(t)}{R_1} + i_2(t)\right)$$

$$= v_2(t) + \frac{L_1}{R_1} \cdot \frac{dv_2(t)}{dt} + L_1 \frac{di_2(t)}{dt} \tag{A1.6}$$

つぎに，$R_2 L_2$ 回路については，次式が成り立つ。

$$v_2(t) = v_3(t) + L_2 \frac{di_2(t)}{dt} \tag{A1.7}$$

ここで，$i_2(t)$ は

$$i_2(t) = \frac{v_3(t)}{R_2} \tag{A1.8}$$

であるから，式(A1.8)を式(A1.7)に代入して次式のようになる。

$$v_2(t) = v_3(t) + \frac{L_2}{R_2} \cdot \frac{dv_3(t)}{dt} \tag{A1.9}$$

電流をすべて消去することを目的に，式(A1.8)を式(A1.6)に代入する。

$$v_1(t) = v_2(t) + \frac{L_1}{R_1} \cdot \frac{dv_2(t)}{dt} + \frac{L_1}{R_2} \frac{dv_3(t)}{dt} \tag{A1.10}$$

電圧 $v_2(t)$ と電圧 $v_3(t)$ の振舞いを表す微分方程式として，式(A1.9)と式(A1.10)を得た。例えば，式(A1.9)と式(A1.10)から $v_2(t)$ を消去すれば，電圧 $v_1(t)$ を入力信号としたときの電圧 $v_3(t)$ の振舞いを表す微分方程式を導出することができる。　　▲

2 章

【2.1】

分母の多項式の因数分解は，$s^4 - 1 = (s+1)(s-1)(s^2+1)$ となるから，式(2.55)は次式の形に分解することができる。

$$\frac{1}{(s+1)(s-1)(s^2+1)} = \frac{A}{s+1} + \frac{B}{s-1} + \frac{Cs+D}{s^2+1} \tag{A2.1}$$

式(A2.1)の両辺に $s+1$ を掛ける。

$$\frac{1}{(s-1)(s^2+1)} = A + \frac{B(s+1)}{s-1} + \frac{(Cs+D)(s+1)}{s^2+1} \tag{A2.2}$$

式(A2.2)に $s = -1$ を代入する。

$$A = \frac{1}{(-1-1)(1+1)} = -\frac{1}{4} \tag{A2.3}$$

式(A2.1)の両辺に $s-1$ を掛ける。

$$\frac{1}{(s+1)(s^2+1)} = \frac{A(s-1)}{s+1} + B + \frac{(Cs+D)(s-1)}{s^2+1} \tag{A2.4}$$

式(A2.4)に $s = 1$ を代入する。

$$B = \frac{1}{(1+1)(1+1)} = \frac{1}{4} \tag{A2.5}$$

これまでに得られた A, B の値を式(A2.1)に代入すると

$$\frac{1}{(s+1)(s-1)(s^2+1)} = \frac{-\dfrac{1}{4}}{s+1} + \frac{\dfrac{1}{4}}{s-1} + \frac{Cs+D}{s^2+1} \tag{A2.6}$$

となる。式(A2.6)の右辺を通分するとその分子は次式のように計算される。

$$-\frac{1}{4}(s-1)(s^2+1) + \frac{1}{4}(s+1)(s^2+1) + (Cs+D)(s^2-1)$$

$$= \frac{1}{4}(-s+1+s+1)(s^2+1) + (Cs^3+Ds^2-Cs-D)$$

$$= \frac{1}{2}(s^2+1) + (Cs^3+Ds^2-Cs-D)$$

$$= Cs^3 + \left(\frac{1}{2}+D\right)s^2 - Cs + \left(\frac{1}{2}-D\right) \tag{A2.7}$$

式(A2.7)が s の値によらず，つねに 1 となるには

$$C = 0, \quad D = -\frac{1}{2} \tag{A2.8}$$

以上より，次式のように部分分数に展開することができる。

$$\frac{1}{s^4-1} = -\frac{1}{4} \cdot \frac{1}{s+1} + \frac{1}{4} \cdot \frac{1}{s-1} - \frac{1}{2} \cdot \frac{1}{s^2+1} \tag{A2.9}$$

▲

【2.2】

重根があるので，次式の形に分解できる。

$$\frac{s-1}{(s+1)^2} = \frac{A}{(s+1)^2} + \frac{B}{s+1} \tag{A2.10}$$

式(A2.10)の両辺に $(s+1)^2$ を掛ける。

$$s-1 = A + B(s+1) \tag{A2.11}$$

式(A2.11)に $s = -1$ を代入する。

$$-2 = A \tag{A2.12}$$

B を求めるために，式(A2.11)を s で微分する。

$$1 = B \tag{A2.13}$$

以上より，次式のように部分分数に展開することができる。

$$\frac{s-1}{(s+1)^2} = -\frac{2}{(s+1)^2} + \frac{1}{s+1} \tag{A2.14}$$

▲

[2.3]

2 階微分のラプラス変換は，2.4 節の例題 2.2 で導出している。

$$\mathcal{L}\left[\frac{d^2x(t)}{dt^2}\right] = s^2X(s) - sx(0) - x'(0) \tag{A2.15}$$

したがって，式(2.57)をラプラス変換すると次式のようになる。

$$s^2X(s) - sx(0) - x'(0) - X(s) = \frac{1}{s^2} \tag{A2.16}$$

式(A2.16)に初期値を代入すると

$$s^2X(s) - s - 1 - X(s) = \frac{1}{s^2} \tag{A2.17}$$

となるので，$X(s)$について解くことで次式を得る。

$$X(s) = \frac{1}{s^2(s^2-1)} + \frac{s+1}{s^2-1} = \frac{1}{s^2-1} - \frac{1}{s^2} + \frac{1}{s-1} \tag{A2.18}$$

式(A2.18)を逆ラプラス変換することで次式を得る。

$$x(t) = \sinh t - t + e^t \tag{A2.19}$$

▲

[2.4]

式(2.58)をラプラス変換すると次式のようになる。

$$\{s^2X(s) - sx(0) - x'(0)\} + 2\{sX(s) - x(0)\} + X(s) = \frac{1}{s+1} \tag{A2.20}$$

式(A2.20)に初期値を代入して

$$\{s^2X(s) + s - 1\} + 2\{sX(s) + 1\} + X(s) = \frac{1}{s+1} \tag{A2.21}$$

を得る。式(A2.21)を$X(s)$について整理する。

$$(s^2 + 2s + 1)X(s) = -s - 1 + \frac{1}{s+1} \tag{A2.22}$$

$X(s)$について解くと次式のようになる。

$$X(s) = \frac{-s-1}{(s+1)^2} + \frac{1}{(s+1)^3} = -\frac{1}{s+1} + \frac{1}{(s+1)^3} \tag{A2.23}$$

式(A2.23)を逆ラプラス変換することで次式を得る。

$$x(t) = -e^{-t} + \frac{1}{2}t^2e^{-t} = \left(\frac{1}{2}t^2 - 1\right)e^{-t} \tag{A2.24}$$

▲

[2.5]

式(2.59)をラプラス変換すると次式のようになる。

$$\{s^2 X(s) - sx(0) - x'(0)\} + 2\{sX(s) - x(0)\} + X(s) = \frac{1}{s^2 + 1} \tag{A2.25}$$

式(A2.25)に初期値を代入して

$$s^2 X(s) - 1 + 2sX(s) + X(s) = \frac{1}{s^2 + 1} \tag{A2.26}$$

を得る。式(A2.26)を $X(s)$ について解く。

$$(s+1)^2 X(s) = 1 + \frac{1}{s^2 + 1} = \frac{s^2 + 2}{s^2 + 1}$$

$$X(s) = \frac{s^2 + 2}{(s+1)^2 (s^2 + 1)} \tag{A2.27}$$

式(A2.27)は次式のように部分分数に分解できる。

$$X(s) = \frac{1}{2} \left\{ \frac{3}{(s+1)^2} + \frac{1}{s+1} - \frac{s}{s^2 + 1} \right\} \tag{A2.28}$$

式(A2.28)を逆ラプラス変換することで次式を得る。

$$x(t) = \frac{3}{2} t e^{-t} + \frac{1}{2} e^{-t} - \frac{1}{2} \cos t \tag{A2.29}$$

▲

3 章

[3.1]

電流と電圧を**解図 3.1** に示すように定義する。

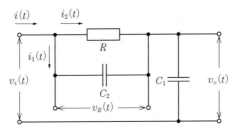

解図 3.1 *RC* 直並列回路

回路全体を流れる電流 $i(t)$ と，分流する電流 $i_1(t)$，$i_2(t)$ との関係は

$$i(t) = i_1(t) + i_2(t) \tag{A3.1}$$

である。静電容量が C_2 のコンデンサに流れる電流 $i_1(t)$ は

$$i_1(t) = C_2 \frac{dv_R(t)}{dt} \tag{A3.2}$$

であり，抵抗値が R の抵抗に流れる電流 $i_2(t)$ は

$$i_2(t) = \frac{v_R(t)}{R} \tag{A3.3}$$

である。また，静電容量が C_1 のコンデンサについては

$$v_o(t) = \frac{1}{C_1} \int_0^t i(\tau) d\tau \tag{A3.4}$$

が成り立ち，電気回路全体の電圧に関しては次式が成り立つ。

$$v_i(t) = v_R(t) + v_o(t) \tag{A3.5}$$

式(A3.1)から式(A3.5)までを，すべての変数の初期値をゼロとしてラプラス変換する。

$$I(s) = I_1(s) + I_2(s) \tag{A3.6}$$

$$I_1(s) = C_2 s V_R(s) \tag{A3.7}$$

$$I_2(s) = \frac{V_R(s)}{R} \tag{A3.8}$$

$$V_o(s) = \frac{1}{C_1 s} I(s) \tag{A3.9}$$

$$V_i(s) = V_R(s) + V_o(s) \tag{A3.10}$$

式(A3.6)を式(A3.9)に代入することで次式を得る。

$$V_o(s) = \frac{1}{C_1 s} \{ I_1(s) + I_2(s) \} \tag{A3.11}$$

式(A3.11)に式(A3.7)と式(A3.8)を代入すると

$$V_o(s) = \frac{1}{C_1 s} \left\{ C_2 s V_R(s) + \frac{V_R(s)}{R} \right\} = \frac{1}{C_1 s} \left\{ \frac{1}{R} + C_2 s \right\} V_R(s) \tag{A3.12}$$

となる。式(A3.12)を式(A3.10)に代入する。

$$V_i(s) = \frac{C_1 s}{\frac{1}{R} + C_2 s} V_o(s) + V_o(s) = \frac{RC_1 s + 1 + RC_2 s}{1 + RC_2 s} V_o(s) \tag{A3.13}$$

よって次式となる。

$$\frac{V_o(s)}{V_i(s)} = \frac{1 + RC_2 s}{1 + R(C_1 + C_2)s} \tag{A3.14}$$

▲

【3.2】

　タンクの流入部にある絞りを単位時間に通過する空気の量 $q(t)$ は，絞りの両端の圧力差が小さい場合には，圧力差に比例し，流路抵抗に反比例するので

$$q(t) = \frac{1}{R}\{p_1(t) - p_2(t)\} \tag{A3.15}$$

となる。また，空気タンク内の圧力は，流入空気量の総和に比例して増大し，タンク容量 V に反比例するので，次式のようになる。

$$p_2(t) = \frac{1}{V}\int_0^t q(\tau)d\tau \tag{A3.16}$$

初期条件として，$t = 0$ のときタンクの内圧をゼロであると考えて式(A3.15)と式(A3.16)をラプラス変換する。

$$Q(s) = \frac{1}{R}\{P_1(s) - P_2(s)\} \tag{A3.17}$$

$$P_2(s) = \frac{1}{Vs}Q(s) \tag{A3.18}$$

式(A3.17)を式(A3.18)に代入して

$$P_2(s) = \frac{1}{RVs}\{P_1(s) - P_2(s)\} \tag{A3.19}$$

となるので，式(A3.19)を整理して次式を得る。

$$\frac{P_2(s)}{P_1(s)} = \frac{1}{1 + RVs} \tag{A3.20}$$

▲

4 章

【4.1】

それぞれのタンクの水位を $h_1(t)$，$h_2(t)$ とする。このとき，タンク1からタンク2へ移動する水量 $q_2(t)$ は，水位の差 $h_1(t) - h_2(t)$ に比例し，流路抵抗 R_1 に反比例するので

$$q_2(t) = \frac{1}{R_1}\{h_1(t) - h_2(t)\} \tag{A4.1}$$

となる。タンク1の水位 $h_1(t)$ の変化は，(給水量−流出量)/(タンクの断面積)であるから，式(A4.2)で表すことができる。

$$\frac{dh_1(t)}{dt} = \frac{1}{C_1}\{q_1(t) - q_2(t)\} \tag{A4.2}$$

タンク2に関しても同様に考えて次式を得る。

$$q_3(t) = \frac{1}{R_2}h_2(t) \tag{A4.3}$$

$$\frac{dh_2(t)}{dt} = \frac{1}{C_2}\{q_2(t) - q_3(t)\} \tag{A4.4}$$

すべての初期値をゼロとして，式(A4.1)〜(A4.4)をラプラス変換する。

$$Q_2(s) = \frac{1}{R_1}\{H_1(s) - H_2(s)\} \tag{A4.5}$$

$$H_1(s) = \frac{1}{C_1 s}\{Q_1(s) - Q_2(s)\} \tag{A4.6}$$

$$Q_3(s) = \frac{1}{R_2}H_2(s) \tag{A4.7}$$

$$H_2(s) = \frac{1}{C_2 s}\{Q_2(s) - Q_3(s)\} \tag{A4.8}$$

ただし，$H_1(s)$，$H_2(s)$，$Q_1(s)$，$Q_2(s)$，$Q_3(s)$は，それぞれ $h_1(t)$，$h_2(t)$，$q_1(t)$，$q_2(t)$，$q_3(t)$のラプラス変換である。

式(A4.5)は，入力信号が $H_1(s)$ と $H_2(s)$，出力信号が $Q_2(s)$ のブロック線図として**解図 4.1** のように表すことができる。

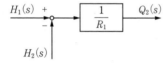

解図 4.1　式(A4.5)のブロック
線図

同様に，式(A4.6)〜(A4.8)のブロック線図は，**解図 4.2〜4.4** のようになる。

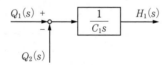

解図 4.2　式(A4.6)のブロック
線図

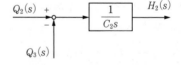

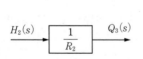

解図 4.3　式(A4.7)のブロック線図　　**解図 4.4**　式(A4.8)のブロック線図

部分的に求めたブロック線図をつないで，**解図 4.5** に示す全体のブロック線図を得る。

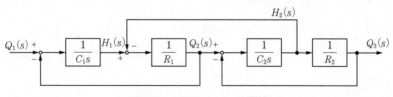

解図 4.5　全体のブロック線図　　　　　　　　▲

【4.2】

解図 4.5 において，伝達要素 $1/(C_1 s)$ のブロックの左側にある加え合わせ点を同ブロックの右側に移動する。同時に，伝達要素 $1/R_2$ のブロックの右側にある引き出し点を同ブロックの左側に移動する。上記の二つの等価変換により，**解図 4.6** を得る。

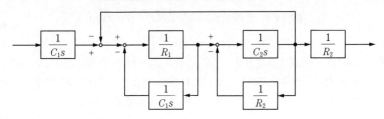

解図 4.6　加え合わせ点と引き出し点移動後のブロック線図

前向き伝達要素が $1/R_1$，後ろ向き伝達要素が $1/C_1 s$ であるフィードバック結合の部分を等価変換する。計算式は次式のようになる。

$$\frac{\dfrac{1}{R_1}}{1+\dfrac{1}{R_1}\cdot\dfrac{1}{C_1 s}}=\frac{C_1 s}{R_1 C_1 s+1} \tag{A4.9}$$

同様に，前向き伝達要素が $1/C_2 s$，後ろ向き伝達要素が $1/R_2$ であるフィードバック結合の部分も等価変換することで，**解図 4.7** を得る。

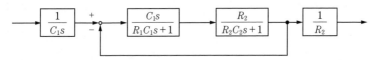

解図 4.7　フィードバック結合等価変換後のブロック線図

解図 4.7 において，直列結合の等価変換とフィードバック結合の等価変換を行う。計算式は次式のようになって，**解図 4.8** を得る。

$$\frac{\dfrac{C_1 s}{R_1 C_1 s+1}\cdot\dfrac{R_2}{R_2 C_2 s+1}}{1+\dfrac{C_1 s}{R_1 C_1 s+1}\cdot\dfrac{R_2}{R_2 C_2 s+1}}=\frac{R_2 C_1 s}{(R_1 C_1 s+1)(R_2 C_2 s+1)+R_2 C_1 s} \tag{A4.10}$$

$$\boxed{\frac{1}{C_1 s}}\longrightarrow\boxed{\frac{R_2 C_1 s}{(R_1 C_1 s+1)(R_2 C_2 s+1)+R_2 C_1 s}}\longrightarrow\boxed{\frac{1}{R_2}}\longrightarrow$$

解図 4.8　直列結合とフィードバック結合の等価変換後のブロック線図

最後に，直列結合の等価変換をすることで，**解図4.9** に示すように一つのブロックで表されたブロック線図となる。

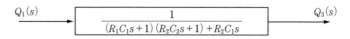

$$Q_1(s) \longrightarrow \boxed{\dfrac{1}{(R_1C_1s+1)(R_2C_2s+1)+R_2C_1s}} \longrightarrow Q_3(s)$$

解図 4.9　直列結合の等価変換後のブロック線図　▲

【4.3】

抵抗値 $R〔\Omega〕$ の抵抗と静電容量 $C_2〔F〕$ のコンデンサは並行接続されているので，それぞれの両端にかかる電圧は等しい。これを $v_R(t)$ とし，抵抗とコンデンサに分流する電流をそれぞれ $i_1(t)$，$i_2(t)$ で表す。このとき次式が成り立つ。

$$v_R(t) = Ri_1(t) \tag{A4.11}$$

$$v_R(t) = \frac{1}{C_2}\int_0^t i_2(\tau)d\tau \tag{A4.12}$$

また，静電容量 $C_1〔F〕$ のコンデンサの両端にかかる電圧が出力信号 $v_o(t)$ なので

$$v_o(t) = \frac{1}{C_1}\int_0^t i(\tau)d\tau \tag{A4.13}$$

である。分圧，分流については，次式のようになる。

$$v_i(t) = v_R(t) + v_o(t) \tag{A4.14}$$

$$i(t) = i_1(t) + i_2(t) \tag{A4.15}$$

式(A4.11)〜(A4.15)をラプラス変換すれば，それぞれ次式のようになる。

$$V_R(s) = RI_1(s) \tag{A4.16}$$

$$V_R(s) = \frac{1}{C_2s}I_2(s) \tag{A4.17}$$

$$V_o(s) = \frac{1}{C_1s}I(s) \tag{A4.18}$$

$$V_i(s) = V_R(s) + V_o(s) \tag{A4.19}$$

$$I(s) = I_1(s) + I_2(s) \tag{A4.20}$$

まず，並行接続された抵抗とコンデンサまわりのブロック線図から作成しよう。こ

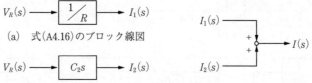

(a)　式(A4.16)のブロック線図

(b)　式(A4.17)のブロック線図　　　(c)　式(A4.20)のブロック線図

解図 4.10　式(A4.16)，式(A4.17)，式(A4.20)のブロック線図

のために，式(A4.16)，式(A4.17)，式(A4.20)をブロック線図で表すと，それぞれ**解図 4.10** のようになる。

解図 4.10 の三つのブロック線図をつなぐことで**解図 4.11** のブロック線図を得る。

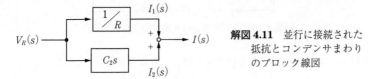

解図 4.11　並行に接続された抵抗とコンデンサまわりのブロック線図

残りの式(A4.18)，式(A4.19)をブロック線図で表すと**解図 4.12** のようになる。

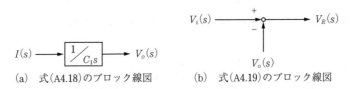

(a)　式(A4.18)のブロック線図　　　(b)　式(A4.19)のブロック線図

解図 4.12　式(A4.18)，式(A4.19)のブロック線図

$V_i(s)$ が入力信号，$V_o(s)$ が出力信号であることを意識して，解図 4.12 の二つのブロック線図をつなぐと，**解図 4.13** の $V_i(s)$ から $V_o(s)$ までのブロック線図が得られる。

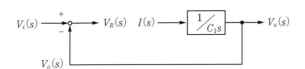

解図 4.13　入力信号 $V_i(s)$ から出力信号 $V_o(s)$ までのブロック線図

解図 4.13 においてループが切れているところに解図 4.11 をはめ込むことで**解図 4.14** に示す全体のブロック線図が完成する。

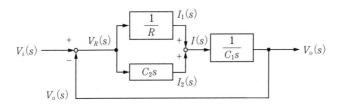

解図 4.14　全体のブロック線図　　　▲

【4.4】

解図 4.14 において並列結合を等価変換する。

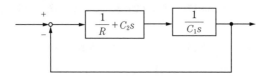

解図 4.15　並列結合等価変換後のブロック線図

解図 4.15 において直列結合の等価変換を施す。計算は次式のようになる。

$$\left(\frac{1}{R}+C_2s\right)\cdot\frac{1}{C_1s}=\frac{\dfrac{1}{R}+C_2s}{C_1s}=\frac{1+RC_2s}{RC_1s} \tag{A4.21}$$

解図 4.16 においてフィードバック結合の等価変換を施す。計算は次式のようになる。

$$\frac{\dfrac{1+RC_2s}{RC_1s}}{1+\dfrac{1+RC_2s}{RC_1s}}=\frac{1+RC_2s}{1+RC_1s+RC_2s}=\frac{1+RC_2s}{1+R(C_1+C_2)s} \tag{A4.22}$$

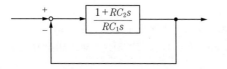

解図 4.16　直列結合等価変換後の
ブロック線図

　以上より，解図 4.14 のブロック線図は**解図 4.17** に示すように一つのブロックで表されたブロック線図となる。

$$V_i(s) \longrightarrow \boxed{\frac{1+RC_2s}{1+R(C_1+C_2)s}} \longrightarrow V_o(s)$$

解図 4.17　フィードバック結合等価変換後のブロック線図　　▲

5 章

【5.1】

　まず，ω の両極限におけるゲインと位相を調べる。周波数伝達関数は

$$G(j\omega)=\frac{10}{(j\omega)^3+3(j\omega)^2+2(j\omega)} \tag{A5.1}$$

と表されるので，$\omega\to+0$ では $\omega^3\ll\omega^2\ll\omega$ より，式(A5.1)の分母の三つ目の項だけに着目すればよい。

$$\lim_{\omega\to0}|G(j\omega)|=\lim_{\omega\to0}\frac{5}{\omega}=\infty \tag{A5.2}$$

また，$\omega \to \infty$ では $\omega^3 \gg \omega^2 \gg \omega$ より，式(A5.1)の分母の一つ目の項だけに着目すれ
ばよい。

$$\lim_{\omega \to \infty} |G(j\omega)| = \lim_{\omega \to \infty} \frac{10}{\omega^3} = 0 \tag{A5.3}$$

位相についても同様にして次式のようになる。

$$\lim_{\omega \to 0} \angle G(j\omega) = \lim_{\omega \to 0} \angle \frac{5}{j\omega} = -\frac{\pi}{2} \tag{A5.4}$$

$$\lim_{\omega \to \infty} \angle G(j\omega) = \lim_{\omega \to \infty} \angle \frac{10}{(j\omega)^3} = -\frac{3\pi}{2} \tag{A5.5}$$

つぎに，$G(j\omega)$ を変形して実部と虚部とに分けてから考察する。

$$\begin{aligned}
G(j\omega) &= \frac{10}{-3\omega^2 + j(2\omega - \omega^3)} \\
&= \frac{-30\omega^2}{9\omega^4 + (2\omega - \omega^3)^2} - j\frac{10(2\omega - \omega^3)}{9\omega^4 + (2\omega - \omega^3)^2} \\
&= \frac{-30}{9\omega^2 + (2 - \omega^2)^2} - j\frac{10(2 - \omega^2)}{9\omega^3 + \omega(2 - \omega^2)^2}
\end{aligned} \tag{A5.6}$$

最初に虚軸との交点を調べよう。式(A5.6)の実部＝0とおく。

$$\mathrm{Re}[G(j\omega)] = \frac{-30}{9\omega^2 + (2 - \omega^2)^2} = 0 \tag{A5.7}$$

式(A5.7)の等号が成り立つのは，$\omega = \infty$ のときに限る。このことは，式(A5.3)から，
ベクトル軌跡が虚軸と交差するのは，原点だけであることを意味する。

また，実軸との交点を調べるために，式(A5.6)の虚部＝0とおく。

$$\mathrm{Im}[G(j\omega)] = \frac{10(2 - \omega^2)}{9\omega^3 + \omega(2 - \omega^2)^2} = 0 \tag{A5.8}$$

式(A5.8)の等号が成り立つのは，$\omega = \infty$ のほかに $\omega > 0$ の条件下で

$$\omega = \sqrt{2} \tag{A5.9}$$

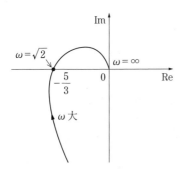

解図 5.1 $\dfrac{10}{j\omega(j\omega + 1)(j\omega + 2)}$ の
ベクトル軌跡

がある。この値を式(A5.6)に代入する。

$$G(j\omega) = \frac{-30}{9 \times 2 + 0} = -\frac{5}{3} \tag{A5.10}$$

実軸とは点 $-5/3 + j0$ で交差することがわかった。以上の考察から，ベクトル軌跡の概形は**解図 5.1** のようになる。　　　　　　　　　　　　　　　　　　　　　　▲

【5.2】

周波数伝達関数は

$$G(j\omega) = \frac{6}{j\omega(-\omega^2 + j2\omega + 4)} = \frac{6}{-2\omega^2 + j\omega(4 - \omega^2)}$$

$$= \frac{-12\omega^2 - j6\omega(4 - \omega^2)}{(2\omega^2)^2 + \omega^2(4 - \omega^2)^2} \tag{A5.11}$$

で表される。位相が $-135°$ となるのは，図 5.10 から，ベクトル軌跡が複素平面上の第三象限にあり，式(A5.11)の実部と虚部の値が等しいときであることがわかる。したがって，$\omega > 0$ の条件下で

$$-12\omega^2 = -6\omega(4 - \omega^2) \tag{A5.12}$$

を解けばよい。式(A5.12)は

$$\omega^2 + 2\omega - 4 = 0 \tag{A5.13}$$

となるから

$$\omega_0 = 1.236 \tag{A5.14}$$

を得る。式(A5.14)を式(A5.11)に代入する。

$$G(j\omega_0) = \frac{6}{-2 \times 1.236^2 + j1.236(4 - 1.236^2)}$$

$$= \frac{6}{-3.055 + j3.056} \tag{A5.15}$$

よって，ゲインは次式のようになる。

$$|G(j\omega)| = \frac{6}{\sqrt{3.055^2 + 3.056^2}} = \frac{6}{4.321} = 1.389 \tag{A5.16}$$

　　　　　　　　　　　　　　　　　　　　　　　　　　　　　　　　　　▲

6 章

【6.1】

$\zeta = 0.1$ のとき，$\omega_p = \omega_n\sqrt{1 - 2\zeta^2}$ から $\omega_p/\omega_n = 0.9899$ となる。また，$M_p = 1/2\zeta\sqrt{1 - \zeta^2}$ から $M_p = 5.025$ となる。すなわち，出力信号の振幅は，入力信号の約 5 倍になる。これをデシベルで表すと $20\log_{10} 5.025 = 14.02$ dB である。図 6.5 で確認してみよう。

同様に，$\zeta = 0.15$ のときは，$\omega_p/\omega_n = 0.9772$，$M_p = 3.371$ となる。これをデシベルで

表して 10.56 dB を得る。$\zeta = 0.5$ のときは，$\omega_p/\omega_n = 0.707\,1$，$M_p = 1.155$ となる。これ
をデシベルで表して 1.249 dB を得る。　　　　　　　　　　　　　　　　　　▲

【6.2】

与えられた伝達関数を次式のように分解する。

$$G(s) = \frac{s+10}{10s+1} = 10 \cdot \frac{1}{1+10s} \cdot \frac{1+0.1s}{1} \tag{A6.1}$$

$G_1(s) = 10$ は比例要素であるから図 6.1 のようになる。$G_2(s) = 1/(1+10s)$ は，一次遅
れ要素なので図 6.4 を参考にすればよい。$G_3(s) = (1+0.1s)/1$ は，その逆数 $1/G_3(s)$ が
一次遅れ要素であることを意識して作図する。折れ点の角周波数を**解表 6.1** に示す。

解表 6.1　折れ点の角周波数

	定常ゲイン	T	$1/5T$	$1/T$	$5/T$
G_1	10	—	—	—	—
G_2	1	10	0.02	0.1	0.5
G_3	1	0.1	2	10	50

伝達関数 $G_1(s)$，$G_2(s)$，$G_3(s)$ のボード線図を解表 6.1 に基づいて作図すると，**解図
6.1** および**解図 6.2** のようになる。

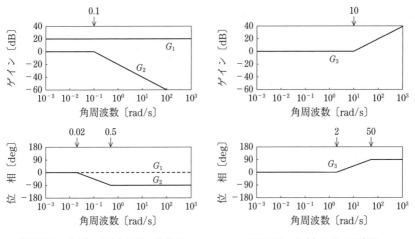

解図 6.1　$G_1(s)$，$G_2(s)$ のボード線図　　　**解図 6.2**　$G_3(s)$ のボード線図

$G_1(s)$，$G_2(s)$，$G_3(s)$ を図面上で加え合わせることで与えられた伝達関数 $G(s)$ の
ボード線図を得ることができる。結果を**解図 6.3** に示す。

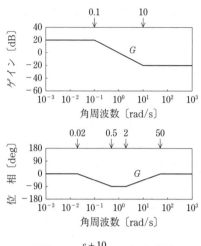

解図 6.3　$\dfrac{s+10}{10s+1}$ のボード線図

【6.3】

　与えられた伝達関数を次式のように分解する。

$$G(s) = \frac{10s+1}{s(s+10)} = \frac{1}{10} \cdot \frac{1}{s} \cdot \frac{1}{1+0.1s} \cdot \frac{1+10s}{1} \tag{A6.2}$$

$G_1(s) = 1/10$ は比例要素，$G_2(s) = 1/s$ は積分要素，$G_3(s) = 1/(1+0.1s)$ は一次遅れ要素，$G_4(s) = (1+10s)/1$ は一次遅れ要素の逆数である。折れ点の角周波数を**解表 6.2** にまとめる。

解表 6.2　折れ点の角周波数

	定常ゲイン	T	$1/5T$	$1/T$	$5/T$
G_1	$\dfrac{1}{10}$	—	—	—	—
G_2	—	1	—	1	—
G_3	1	0.1	2	10	50
G_4	1	10	0.02	0.1	0.5

　伝達関数 $G_1(s)$，$G_2(s)$，$G_3(s)$，$G_4(s)$ のボード線図を解表 6.2 に基づいて作図すると**解図 6.4**，**解図 6.5** のようになる。

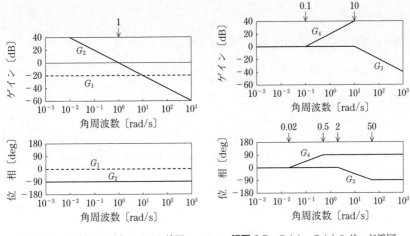

解図 6.4 $G_1(s)$, $G_2(s)$ のボード線図　　**解図 6.5** $G_3(s)$, $G_4(s)$ のボード線図

$G_1(s)$, $G_2(s)$, $G_3(s)$, $G_4(s)$ を図面上で加え合わせることで与えられた伝達関数 $G(s)$ のボード線図を得ることができる。結果を**解図 6.6** に示す。

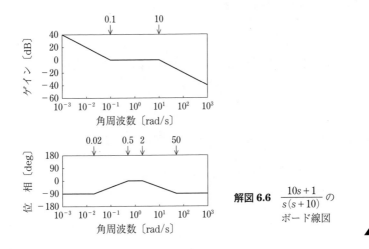

解図 6.6 $\dfrac{10s+1}{s(s+10)}$ の ボード線図

▲

7 章

【7.1】

入力信号を $u(t)$，出力信号を $y(t)$，それらのラプラス変換をそれぞれ $U(s)$，$Y(s)$ とする。入力信号は単位ステップ関数なので

$$U(s) = \frac{1}{s} \tag{A7.1}$$

で表される。よって，出力信号は次式で与えられる。

$$Y(s) = G(s)U(s) = \frac{2s^2 + 32s + 72}{s^2 + 7s + 12} \cdot \frac{1}{s} = \frac{2s^2 + 32s + 72}{s(s+3)(s+4)} \tag{A7.2}$$

式(A7.2)を部分分数

$$\frac{2s^2 + 32s + 72}{s(s+3)(s+4)} = \frac{A}{s} + \frac{B}{s+3} + \frac{C}{s+4} \tag{A7.3}$$

に展開しよう。式(A7.3)右辺分子の $A,\ B,\ C$ は，ヘビサイドの展開定理を用いて次式のように計算することができる。

$$A = \frac{2s^2 + 32s + 72}{(s+3)(s+4)} \bigg|_{s=0} = \frac{72}{12} = 6 \tag{A7.4}$$

$$B = \frac{2s^2 + 32s + 72}{s(s+4)} \bigg|_{s=-3} = \frac{18 - 96 + 72}{-3 \times 1} = \frac{-6}{-3} = 2 \tag{A7.5}$$

$$C = \frac{2s^2 + 32s + 72}{s(s+3)} \bigg|_{s=-4} = \frac{32 - 128 + 72}{-4 \times (-1)} = \frac{-24}{4} = -6 \tag{A7.6}$$

したがって，出力信号(A7.2)は

$$Y(s) = \frac{6}{s} + \frac{2}{s+3} - \frac{6}{s+4} \tag{A7.7}$$

と書き直すことができる。式(A7.7)を逆ラプラス変換して次式を得る。

$$y(t) = 6 + 2e^{-3t} - 6e^{-4t} \tag{A7.8}$$

▲

【7.2】

入力信号は単位ステップ関数なので出力信号は次式で与えられる。

$$Y(s) = G(s)U(s) = \frac{6}{s^3 + 4s^2 + 4s} \cdot \frac{1}{s} = \frac{6}{s^2(s+2)^2} \tag{A7.9}$$

式(A7.9)を部分分数

$$\frac{6}{s^2(s+2)^2} = \frac{A}{s^2} + \frac{B}{s} + \frac{C}{(s+2)^2} + \frac{D}{s+2} \tag{A7.10}$$

に展開しよう。式(A7.10)の両辺に s^2 を掛けると次式のようになる。

$$\frac{6}{(s+2)^2} = A + Bs + \frac{Cs^2}{(s+2)^2} + \frac{Ds^2}{s+2} \tag{A7.11}$$

式(A7.11)で $s=0$ とすると

$$\frac{6}{4} = A + 0 + 0 + 0 \tag{A7.12}$$

となるので，$A=3/2$ を得る。ヘビサイドの展開定理によれば，B を求めるには，式(A7.11)を s で微分してから $s=0$ とすればよい。この方針に従って式(A7.11)を s で微分する。

$$\frac{0-6\times2(s+2)}{(s+2)^4}=0+B+\frac{2Cs\times(s+2)^2-Cs^2\times2(s+2)}{(s+2)^4}$$

$$+\frac{2Ds\times(s+2)-Ds^2\times1}{(s+2)^2} \tag{A7.13}$$

式(A7.13)で $s=0$ とすると

$$\frac{-6\times4}{2^4}=0+B+0+0 \tag{A7.14}$$

となるので，$B=-3/2$ を得る。以下同様であるが，念のために詳細に書こう。

式(A7.10)の両辺に $(s+2)^2$ を掛けると次式のようになる。

$$\frac{6}{s^2}=\frac{A(s+2)^2}{s^2}+\frac{B(s+2)^2}{s}+C+D(s+2) \tag{A7.15}$$

式(A7.15)で $s=-2$ とすると

$$\frac{6}{4}=0+0+C+0 \tag{A7.16}$$

となるので，$C=3/2$ を得る。ヘビサイドの展開定理に従って式(A7.15)を s で微分する。

$$\frac{0-6\times2s}{s^4}=\frac{2A(s+2)\times s^2-A(s+2)^2\times2s}{s^4}$$

$$+\frac{2B(s+2)\times s-B(s+2)^2}{s^2}+0+D \tag{A7.17}$$

式(A7.17)で $s=-2$ とすると

$$\frac{24}{(-2)^4}=0+0+0+D \tag{A7.18}$$

となるので，$D=3/2$ を得る。

よって，出力信号(A7.9)は

$$Y(s)=\frac{3}{2}\cdot\frac{1}{s^2}-\frac{3}{2}\cdot\frac{1}{s}+\frac{3}{2}\cdot\frac{1}{(s+2)^2}+\frac{3}{2}\cdot\frac{1}{s+2} \tag{A7.19}$$

と書き直すことができる。式(A7.19)を逆ラプラス変換することで次式を得る。

$$y(t)=\frac{3}{2}(-1+t+e^{-2t}+te^{-2t}) \tag{A7.20}$$

▲

8 章

[8.1]

ラウス表を作成する。

s^3 行	1	$K+2$	0
s^2 行	$3K$	4	0
s^1 行	$\dfrac{3K \times (K+2) - 1 \times 4}{3K}$	0	
s^0 行	4		

この表から，パラメータ K に課せられる条件は

$$3K > 0 \tag{A8.1}$$
$$3K(K+2) - 4 > 0 \tag{A8.2}$$

である。式(A8.2)の左辺を展開して得られる次式

$$3K^2 + 6K - 4 > 0 \tag{A8.3}$$

を解くと

$$K < -2.528 \quad \text{または} \quad K > 0.527\,5 \tag{A8.4}$$

となる。式(A8.1)と式(A8.4)から

$$K > 0.527\,5 \tag{A8.5}$$

が，与えられた制御系を安定にする K の範囲として求められた。

　条件式(A8.5)は必要十分条件である。特性方程式のすべての係数が正でなくてはならないという必要条件，$K > -2$，$K > 0$ は，もちろん満たしている。　　　　▲

[8.2]

ラウス表を作成する。

s^3 行	1	$3K$	0
s^2 行	$K+0.3$	60	0
s^1 行	$\dfrac{3K \times (K+0.3) - 60}{K+0.3}$	0	
s^0 行	60		

この表の最左端の列に注目して，すべての要素が正となる条件を求めるとつぎのようになる。

$$K + 0.3 > 0 \tag{A8.6}$$
$$3K^2 + 0.9K - 60 > 0 \tag{A8.7}$$

まず，式(A8.6)より

$$K > -0.3 \tag{A8.8}$$

を得る。つぎに，式(A8.7)を解こう。式(A8.7)の不等号を等号にしたときの解は，$K = -0.150 \pm 4.475$ であることから，不等式(A8.7)の解はつぎのようになる。

$$K < -4.625 \quad \text{または} \quad K > 4.325 \tag{A8.9}$$

式(A8.8)と式(A8.9)を同時に満たす K は

$$K > 4.325 \tag{A8.10}$$

である。制御系を安定にする必要十分条件は，K の値が式(A8.10)に示す範囲に存在することである。　　　　　　　　　　　　　　　　　　　　　　　　　　　　　▲

[8.3]

前向き伝達関数 $G(s)$ は，次式のようになる。

$$G(s) = \frac{K}{s(s+1)(s+5)} \tag{A8.11}$$

後ろ向き伝達関数は 1 であるから，閉ループ系の特性方程式は

$$1 + G(s) = 1 + \frac{K}{s(s+1)(s+5)} = 0 \tag{A8.12}$$

となる。式(A8.12)の分母を払って次式の特性方程式を得る。

$$s^3 + 6s^2 + 5s + K = 0 \tag{A8.13}$$

ラウス表を作成する。

s^3 行	1	5	0
s^2 行	6	K	0
s^1 行	$\dfrac{6 \times 5 - K}{6}$	0	
s^0 行	K		

この表の最左端の列に注目して，すべての要素が正となる条件を求めるとつぎのようになる。

$$30 - K > 0 \tag{A8.14}$$

$$K > 0 \tag{A8.15}$$

式(A8.14)と式(A8.15)を同時に満たす範囲として

$$0 < K < 30 \tag{A8.16}$$

を得る。K の値が式(A8.16)に示す範囲にあれば，またそのときに限り，制御系は安定である。　　　　　　　　　　　　　　　　　　　　　　　　　　　　　　　▲

[8.4]

前向き伝達関数 $G(s)$ は，次式のようになる。

$$G(s) = \frac{c_0 + c_1 s}{s(s^2 + 2s + 1)} \tag{A8.17}$$

後ろ向き伝達関数は 1 であるから，閉ループ系の特性方程式は

$$1 + G(s) = 1 + \frac{c_0 + c_1 s}{s(s^2 + 2s + 1)} = 0 \tag{A8.18}$$

となる。式(A8.18)の分母を払って次式の特性方程式を得る。

$$s^3 + 2s^2 + (1 + c_1)s + c_0 = 0 \tag{A8.19}$$

ラウス表を作成する。

s^3 行	1	$1 + c_1$	0
s^2 行	2	c_0	0
s^1 行	$\dfrac{2 \times (1 + c_1) - c_0}{2}$	0	
s^0 行	c_0		

この表の最左端の列に注目して，すべての要素が正となる条件を求めると次式のようになる。

$$2 + 2c_1 - c_0 > 0 \tag{A8.20}$$

$$c_0 > 0 \tag{A8.21}$$

式(A8.20)は，次式のように表すことができる。

$$c_0 < 2c_1 + 2 \tag{A8.22}$$

式(A8.21)と式(A8.22)の両方を満たすことが，閉ループ制御系が安定となる必要十分条件である。この範囲を図に示すと**解図 8.1** となる。

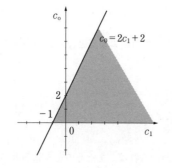

解図 8.1 c_0 と c_1 が満たすべき条件

9 章

[9.1]

ゲイン余裕 g_m は，式(9.6)と式(9.7)に示すように

$$g_m = -g(\omega_{cp}) = -20\log_{10}|G(j\omega_{cp})H(j\omega_{cp})| \quad \text{(dB)} \tag{A9.1}$$

で与えられる。題意により次式が成立する。

$$20\log_{10}\frac{1}{|G(j\omega_{cp})H(j\omega_{cp})|} = 20 \tag{A9.2}$$

ゆえに

$$\log_{10}\frac{1}{|G(j\omega_{cp})H(j\omega_{cp})|} = 1 = \log_{10}10 \tag{A9.3}$$

となる。式(A9.3)の両辺の真数を等しくおいて次式を得る。

$$\frac{1}{|G(j\omega_{cp})H(j\omega_{cp})|} = 10 \tag{A9.4}$$

よって

$$|G(j\omega_{cp})H(j\omega_{cp})| = 0.1 \tag{A9.5}$$

を満足すればよいことがわかる。

　つぎに，位相交差角周波数 ω_{cp} を求めよう。与えられたフィードバック制御系の一巡周波数伝達関数は次式となる。

$$G(j\omega)H(j\omega) = \frac{K}{(1+j\omega)(1+3j\omega)(1+7j\omega)}$$
$$= \frac{K}{(1-31\omega^2)+j(11\omega-21\omega^3)} \tag{A9.6}$$

9.3節の式(9.11)では有理化をしてから虚部＝0としたが，式(A9.6)の分母の虚部をゼロとするのでかまわない。

$$11\omega - 21\omega^3 = 0 \tag{A9.7}$$

これを $\omega>0$ の条件で解いて

$$\omega_{cp} = \sqrt{\frac{11}{21}} \tag{A9.8}$$

を得る。式(A9.8)を式(A9.6)に代入する。

$$G(j\omega_{cp})H(j\omega_{cp}) = \frac{K}{1-31\omega_{cp}^2} = \frac{K}{1-31\times\dfrac{11}{21}} = -\frac{K}{15.238} \tag{A9.9}$$

　よって，位相交差角周波数 ω_{cp} のとき，一巡周波数伝達関数のベクトル軌跡は負の実軸を横切り，そのときのゲインは

$$|G(j\omega_{cp})H(j\omega_{cp})| = \frac{K}{15.238} \tag{A9.10}$$

である。

　式(A9.5)と式(A9.10)から

$$\frac{K}{15.238} = 0.1 \tag{A9.11}$$

となるので，これを解いて次式を得る。

$$K = 1.523\,8 \tag{A9.12}$$

▲

10 章

[10.1]

定常位置偏差 e_p を式(10.8)と式(10.9)を使って求める。

$$\lim_{s \to 0} G_p(s)G_c(s)H(s) = \lim_{s \to 0} \frac{50(s+4)}{(s+1)(s+3)(s+5)} = \frac{200}{15} = \frac{40}{3} \tag{A10.1}$$

$$\therefore \quad e_p = \frac{R}{1 + \lim_{s \to 0} G_p(s)G_c(s)H(s)} = \frac{3}{1 + \dfrac{40}{3}} = \frac{9}{43} \simeq 0.209\,3 \tag{A10.2}$$

大きさ $e_p = 0.209\,3$ の定常位置偏差が残る。 ▲

[10.2]

定常速度偏差 e_v を式(10.14)と式(10.15)を使って求める。

$$\lim_{s \to 0} (s + sG_p(s)G_c(s)H(s))$$
$$= \lim_{s \to 0} \left(s + \frac{50s(s+4)}{(s+1)(s+3)(s+5)} \right) = \frac{0}{15} = 0 \tag{A10.3}$$

$$\therefore \quad e_v = \frac{2}{\lim_{s \to 0} (s + sG_p(s)G_c(s)H(s))} = \frac{2}{0} = \infty \tag{A10.4}$$

定常速度偏差 e_v は時間の経過とともに大きくなり，やがて無限大となる。 ▲

[10.3]

定常位置偏差 e_p を式(10.10)と式(10.11)を使って求める。

$$\lim_{s \to 0} G_p(s)G_c(s)H(s) = \lim_{s \to 0} \frac{3(s+2)}{s(s+3)(s^2+2s+2)} = \frac{6}{0} = \infty \tag{A10.5}$$

$$\therefore \quad e_p = \frac{4}{1 + \lim_{s \to 0} G_p(s)G_c(s)H(s)} = \frac{4}{1 + \infty} = 0 \tag{A10.6}$$

したがって，定常位置偏差 e_p はゼロとなる。 ▲

[10.4]

定常速度偏差 e_v を式(10.16)と式(10.17)を使って求める。

$$\lim_{s \to 0} (s + sG_p(s)G_c(s)H(s)) = \lim_{s \to 0} \left(s + \frac{3s(s+2)}{s(s+3)(s^2+2s+2)} \right) = \frac{6}{6} = 1 \tag{A10.7}$$

$$\therefore \quad e_v = \frac{0.5}{\lim\limits_{s\to 0}(s + sG_p(s)G_c(s)H(s))} = \frac{0.5}{1} = 0.5 \tag{A10.8}$$

大きさ 0.5 の定常速度偏差 e_v が残る。　　　▲

[10.5]

一巡伝達関数 $G_p(s)G_c(s)H(s)$ が原点に極をもつ場合であるから，ステップ状操作端外乱が制御量に及ぼす定常偏差 $y_d(\infty)$ は

$$y_d(\infty) = \frac{D}{\lim\limits_{s\to 0}\left(\dfrac{1}{G_p(s)} + G_c(s)H(s)\right)} \tag{A10.9}$$

で計算できる。式 (A10.9) の分母の極限を項ごとに扱う。

$$\lim_{s\to 0}\frac{1}{G_p(s)} = \lim_{s\to 0}\frac{1}{\dfrac{1}{s(s^2+2s+2)}} = \lim_{s\to 0}\frac{s(s^2+2s+2)}{1} = 0 \tag{A10.10}$$

$$\lim_{s\to 0}G_c(s)H(s) = \lim_{s\to 0}\frac{3(s+2)}{s+3} = \frac{6}{3} = 2 \tag{A10.11}$$

式 (A10.10)，式 (A10.11) と $D=1.5$ を式 (A10.9) に代入する。

$$y_d(\infty) = \frac{1.5}{0+2} = 0.75 \tag{A10.12}$$

のように，0.75 の定常偏差 $y_d(\infty)$ が残る。定常位置偏差 $e_p = -0.75$ である。　　▲

11 章

[11.1]

図 11.11 において $R(s)=0$ として考える。$D(s)-C_1(s)Y(s)$ に $P(s)$ を掛けたものが $Y(s)$ となる。したがって，次式が成り立つ。

$$Y(s) = P(s)\{D(s) - C_1(s)Y(s)\} \tag{A11.1}$$

式 (A11.1) は

$$\{1 + C_1(s)P(s)\}Y(s) = P(s)D(s) \tag{A11.2}$$

となるので，外乱 $D(s)$ から制御量 $Y(s)$ までの伝達関数は次式のようになる。

$$\frac{Y(s)}{D(s)} = \frac{P(s)}{1 + C_1(s)P(s)} \tag{11.23 再掲}$$

つぎに，図 11.11 において $D(s)=0$ として考える。目標値 $R(s)$ から 2 本の信号線が出ていて扱いにくいので，これを**解図 11.1** のように $R_1(s)$ と $R_2(s)$ に分ける。

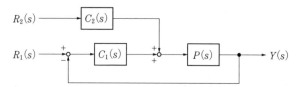

解図 11.1 $D(s)=0$ としたフィードフォワード型 2 自由度制御系

$R_2(s)=0$ として，$R_1(s)$ から $Y(s)$ までの伝達関数はフィードバック結合の等価変換を適用して次式のように求められる。

$$Y(s)=\frac{C_1(s)P(s)}{1+C_1(s)P(s)}R_1(s) \tag{A11.3}$$

$R_2(s)$ から $Y(s)$ までの伝達関数は解図 11.1 において $R_1(s)=0$ として考える。$C_2(s)R_2(s)-C_1(s)Y(s)$ に $P(s)$ を掛けたものが $Y(s)$ となる。したがって，次式が成り立つ。

$$Y(s)=P(s)\{C_2(s)R_2(s)-C_1(s)Y(s)\} \tag{A11.4}$$

式(A11.4)は

$$\{1+C_1(s)P(s)\}Y(s)=C_2(s)P(s)R_2(s) \tag{A11.5}$$

となるので，$R_2(s)$ から $Y(s)$ までの伝達関数は次式のようになる。

$$Y(s)=\frac{C_2(s)P(s)}{1+C_1(s)P(s)}R_2(s) \tag{A11.6}$$

式(A11.3)と式(A11.6)から次式を得る。

$$Y(s)=\frac{C_1(s)P(s)}{1+C_1(s)P(s)}R_1(s)+\frac{C_2(s)P(s)}{1+C_1(s)P(s)}R_2(s) \tag{A11.7}$$

$R_1(s)$ と $R_2(s)$ を $R(s)$ に置換して整理すると次式のようになる。

$$\frac{Y(s)}{R(s)}=\frac{\{C_1(s)+C_2(s)\}P(s)}{1+C_1(s)P(s)} \tag{11.24 再掲}$$

▲

【11.2】

図 11.12 において $R(s)=0$ として考えると，つぎの**解図 11.2** のように描きなおせる。

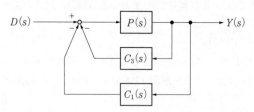

解図 11.2 $R(s)=0$ としたフィードバック型 2 自由度制御系

$D(s) - C_1(s)Y(s) - C_3(s)Y(s)$ に $P(s)$ を掛けたものが $Y(s)$ となる。したがって，次式が成り立つ。

$$Y(s) = P(s)\{D(s) - C_1(s)Y(s) - C_3(s)Y(s)\} \tag{A11.8}$$

式 (A11.8) は

$$[1 + \{C_1(s) + C_3(s)\}P(s)]Y(s) = P(s)D(s) \tag{A11.9}$$

となるので，$D(s)$ から $Y(s)$ までの伝達関数は次式のようになる。

$$\frac{Y(s)}{D(s)} = \frac{P(s)}{1 + \{C_1(s) + C_3(s)\}P(s)} \tag{11.25 再掲}$$

つぎに，図 11.12 において $D(s) = 0$ として考えると，つぎの**解図 11.3** のように描きなおすことができる。

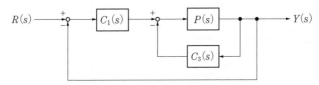

解図 11.3　$D(s) = 0$ としたフィードバック型 2 自由度制御系

解図 11.3 の内側の閉ループにフィードバック結合の等価変換を適用すると**解図 11.4** となる。

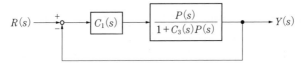

解図 11.4　$D(s) = 0$ としたフィードバック型 2 自由度制御系

もう一度，フィードバック結合の等価変換を適用することで式 (11.26) を得る。

$$\frac{Y(s)}{R(s)} = \frac{\dfrac{C_1(s)P(s)}{1 + C_3(s)P(s)}}{1 + \dfrac{C_1(s)P(s)}{1 + C_3(s)P(s)}} = \frac{C_1(s)P(s)}{1 + C_1(s)P(s) + C_3(s)P(s)}$$

$$= \frac{C_1(s)P(s)}{1 + \{C_1(s) + C_3(s)\}P(s)} \tag{11.26 再掲}$$

▲

12 章

【12.1】

PI 制御装置の伝達関数は

$$G_C(s) = K_P\left(1 + \frac{1}{T_I s}\right) = K_P \cdot \frac{1}{T_I s} \cdot \frac{1 + T_I s}{1} \tag{A12.1}$$

と分解できる。K_P と $1/T_I s$ のボード線図を**解図 12.1** に示す。また，$(1 + T_I s)/1$ のボード線図は，一次遅れ要素 $1/(1 + T_I s)$ の逆数であることを利用して作図して**解図 12.2** を得る。

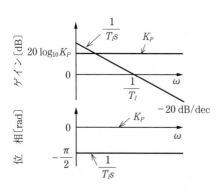

解図 12.1 K_P と $1/T_I s$ のボード線図

解図 12.2 $(1 + T_I s)/1$ のボード線図

これらを図面上で加え合わせることで，PI 制御装置のボード線図が**解図 12.3** のようにできあがる。

高周波領域の特性はあまり変えないで，低周波領域においてゲイン特性を持ち上げて定常特性の改善を図ろうとしていることがうかがえる。

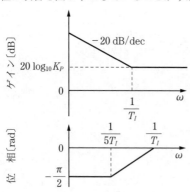

解図 12.3 PI 制御装置の
ボード線図

[12.2]

分母系列表現の式(12.11)は，式(12.1)の伝達関数 $G_P(s)$ と

$$G_P(s) = \frac{1}{h(s)} \tag{A12.2}$$

の関係にある。$h(s)$ の係数を求める計算式は次式のようにまとめることができる。

$$h_0 = \frac{a_0}{b_0} \tag{A12.3}$$

$$h_1 = \frac{a_1 - b_1 h_0}{b_0} \tag{A12.4}$$

$$h_2 = \frac{a_2 - b_1 h_1 - b_2 h_0}{b_0} \tag{A12.5}$$

$$h_3 = \frac{a_3 - b_1 h_2 - b_2 h_1 - b_3 h_0}{b_0} \tag{A12.6}$$

…

$$h_i = \frac{a_i - b_1 h_{i-1} - b_2 h_{i-2} - \cdots - b_i h_0}{b_0} \tag{A12.7}$$

式(A12.3)から，s の 0 次の係数である h_0 は，同じく 0 次の係数である a_0 と b_0 から計算され，また，式(A12.4)から，s の一次の係数である h_1 は，零次と一次の係数である a_0, b_0, a_1, b_1 から計算されることがわかる。

同様に，s の i 次の係数である h_i は，i 次以下の係数から計算されるので，制御対象の表現式(12.1)において，低次の係数ほど正確に求められているという性質は，式(12.11)の表現においても保持されているといえる。

式(12.8)で導入した PID 制御装置の係数は

$$c_0 = \frac{h_0}{\sigma} \tag{12.18 再掲}$$

$$c_1 = \frac{h_1}{\sigma} - \alpha_2 h_0 \tag{12.19 再掲}$$

$$c_2 = \frac{h_2}{\sigma} - \alpha_2 h_1 + (\alpha_2{}^2 - \alpha_3) h_0 \sigma \tag{12.20 再掲}$$

で計算されるので，制御装置の係数においても低次の係数ほど正確に求められていることが確認できる。　　　　　　　　　　　　　　　　　　　　　　　　▲

索　　引

―― 著 者 略 歴 ――

1976 年 早稲田大学理工学部電気工学科卒業
1981 年 早稲田大学大学院理工学研究科博士課程修了（電気工学専攻）
　　　　工学博士
1981 年 東芝総合研究所勤務
1988 年 埼玉大学助教授
1992 年 防衛大学校助教授
1999 年 防衛大学校教授
2003 年 東京都立科学技術大学教授
2005 年 首都大学東京教授
2018 年 首都大学東京名誉教授
2018 年 交通システム電機株式会社 取締役副社長
　　　　現在に至る

　　　　電気学会上級会員（2005 年）
　　　　計測自動制御学会フェロー（2010 年）

著　書　制御理論の基礎と応用（共著，産業図書，1995）
　　　　大学講義シリーズ　制御工学（コロナ社，2001）
　　　　演習で学ぶ現代制御理論（森北出版，2003）
　　　　演習で学ぶ基礎制御工学（森北出版，2004）
　　　　演習で学ぶ PID 制御（森北出版，2009）
　　　　演習で学ぶディジタル制御（森北出版，2012）
　　　　わかりやすい現代制御理論（森北出版，2013）

大学講義テキスト　古典制御
Classical Control Theory　　　　　　　　　　　　　　ⓒYasuchika Mori 2020

2020 年 4 月 13 日　初版第 1 刷発行　　　　　　　　　　　　　　★

検印省略	著　　者	森　　　　泰　親
	発 行 者	株式会社　コ ロ ナ 社
		代 表 者　牛 来 真 也
	印 刷 所	美研プリンティング株式会社
	製 本 所	有限会社　愛 千 製 本 所

112−0011　東京都文京区千石 4−46−10
発 行 所　株式会社 コ ロ ナ 社
CORONA PUBLISHING CO., LTD.
Tokyo Japan
振替00140-8-14844・電話(03)3941-3131(代)
ホームページ　https://www.coronasha.co.jp

ISBN 978−4−339−03228−4　C3053　Printed in Japan　　　　　　（新井）

システム制御工学シリーズ

（各巻A5判，欠番は品切です）

■編集委員長　池田雅夫
■編集委員　足立修一・梶原宏之・杉江俊治・藤田政之

定価は本体価格＋税です。
定価は変更されることがありますのでご了承下さい。

図書目録進呈◆